新工科建设之路·数据科学与大数据系列教材

云计算技术基础与实践

李春平　杨建清　刘建平　主编

叶裴雷　邹理贤　孙雪岩　朱婷婷　李　妍　副主编

U0129744

電子工業出版社·

Publishing House of Electronics Industry

北京·BEIJING

内 容 简 介

本书是在云计算及其产业快速发展背景下，结合应用型本科院校教育的实际情况编写的云计算技术与应用项目教材。本书首先介绍云计算技术的概念、类型、关键技术，其次介绍虚拟化技术、KVM、VMware、CNware 等主流虚拟化技术的架构、原理、特征及其部署安装，再次介绍 OpenStack、超融合技术及容器技术，最后介绍云服务应用实例。本书在内容安排上，力求适应应用型本科院校学生的学习特征，由浅入深，既注重基础理论，又突出实践应用，每章均安排有相应的项目实验，强化实践操作能力。本书同时配有丰富的教学资源。

本书既可作为应用型本科院校计算机类专业的教材和参考书，又可作为云计算类的工程师培训和考试的指导书。

未经许可，不得以任何方式复制或抄袭本书之部分或全部内容。

版权所有，侵权必究。

图书在版编目（CIP）数据

云计算技术基础与实践 / 李春平，杨建清，刘建平主编. — 北京：电子工业出版社，2021.10
ISBN 978-7-121-42226-3

Ⅰ. ①云⋯　Ⅱ. ①李⋯ ②杨⋯ ③刘⋯　Ⅲ. ①云计算－高等学校－教材　Ⅳ. ①TP393.027

中国版本图书馆 CIP 数据核字 (2021) 第 210152 号

责任编辑：孟　宇
印　　刷：三河市华成印务有限公司
装　　订：三河市华成印务有限公司
出版发行：电子工业出版社
　　　　　北京市海淀区万寿路 173 信箱　　邮编：100036
开　　本：787×1092　1/16　印张：15.5　字数：396.8 千字
版　　次：2021 年 10 月第 1 版
印　　次：2021 年 10 月第 1 次印刷
定　　价：59.80 元

前　　言

21 世纪以来，云计算技术得到了快速发展，受到众多企业的青睐，在国内外许多知名 IT 公司得到了推广和应用，包括国际知名公司谷歌、IBM、亚马逊等，国内知名公司阿里巴巴、腾讯、华为、云宏等。云计算具有资源虚拟化、批量计算、分布式存储、按需服务、价格低等特点，为企业管理和运行带来了效率提高、成本降低、质量提升、管理科学等好处。可以预见，云计算在未来将会得到更大的发展和更广泛的应用。

广东白云学院于 2017 年成立了大数据与计算机学院，并与云宏信息科技股份有限公司（以下简称云宏公司）开展了深入的校企合作，成立了白云宏产业学院。白云宏产业学院依托云宏公司的科技力量和广东白云学院的教育资源，为社会培养云计算技术方面的应用型技术人才。目前，国内应用型本科院校急需一批产学结合、通俗易懂、突出实践、易学易教的教材，本书则是在广东白云学院大数据与计算机学院教师和云宏公司工程师共同参与编写的白云宏产业学院系列教材之一。

本书旨在通过对云计算基础、云操作系统、云服务等应用与实践的介绍，引导读者理解云计算的基本概念、原理、服务，进而掌握云操作系统的部署和搭建，为云计算服务生产环境的部署、安装、运行及应用维护打下良好的基础。本书理论和实践并重，重点突出实践应用，每章均安排有相应的项目实验，强化实践操作能力。全书共分为以下 9 章。

第 1 章，云计算技术基础。主要介绍云计算的概念、类型及关键技术。

第 2 章，虚拟化技术。从资源的角度理解虚拟化技术作为云计算的基础，主要介绍存储资源虚拟化和网络资源虚拟化。

第 3 章，KVM 虚拟化技术。KVM 是一种用于 Linux 内核中的虚拟化基础设施，目前是一种广泛应用的虚拟化技术。本章主要介绍了 KVM 虚拟化技术原理、管理工具、迁移克隆、优化等相关知识。

第 4 章，VMware 虚拟化技术。VMware vSphere 作为目前业界领先且最可靠的虚拟化平台，在企业中有着极为广泛的应用。本章主要介绍虚拟化平台 VMware vSphere 和 VMware ESXi 的相关知识。

第 5 章，CNware 虚拟化技术。CNware 是国内虚拟化软件的代表，由云宏公司开发。主要介绍国内虚拟化技术软件概况、CNware 技术原理、安装与配置、管理工具等。

第 6 章，OpenStack 虚拟化技术。OpenStack 是一种开源的云操作系统。本章主要介绍 OpenStack 的概念、架构及应用案例。

第 7 章，超融合技术。本章以云宏提供的云计算技术为模板，介绍超融合概念、技术架构、系统安装及扩展功能。

第 8 章，容器技术，主要介绍了 Docker、Kubernetes 的概念、架构、原理及其安装部署。

第 9 章，云服务应用实例。主要介绍公有云和私有云服务、虚拟机资源调度、虚拟机迁移、虚拟机高可用等应用案例。

本书由李春平、杨建清、刘建平担任主编，叶裴雷、邹理贤、孙雪岩、朱婷婷、李妍担任副主编。第 1 章由叶裴雷、刘洋负责编写，第 2 章由杜庆锋、张文豪负责编写，第 3、6、8 章由杨建清、李春平负责编写，第 4 章由朱婷婷、陈再负责编写，第 5 章由李妍负责编写，第 7 章由许碧雅负责编写，第 9 章由孙雪岩负责编写。黄跃敏、陈耿升、谢锦龙等人参与了本书编写。全书由李春平负责统稿。

在编写本书的过程中，得到云宏信息科技股份有限公司的大力支持，白云宏产业学院院长张大斌、王燕凌亲自指导并支持，在此表示诚挚的感谢。在本书编写过程中参考了参考文献中列出的专著、教材和网站内容，在此对有关作者一并表示感谢，部分引用内容不知原始出处，对相关作者表示感谢！

为了方便教师教学，本书配有电子教学课件，请有此需要的教师登录华信教育资源网（www.hxedu.com.cn）注册后免费下载，如有问题可在网站留言板留言或与电子工业出版社编辑联系（E-mail：mengyu@phei.com.cn）。

虽然我们精心组织，认真编写，但错误和疏漏之处在所难免；同时，由于编者水平有限，书中也存在诸多不足之处，恳请广大读者给予批评和指正，以便在今后的修订中不断改进。

编　者

2020 年 9 月

目　　录

第 1 章

云计算技术基础

云计算（Cloud Computing）是网格计算（Grid Computing）、分布式计算（Distributed Computing）、并行计算（Parallel Computing）、效用计算（Utility Computing）、网络存储（Network Storage）、虚拟化（Virtualization）、负载均衡（Load Balance）等传统计算机技术和网络技术发展融合的产物。云计算是一种全新的网络应用概念，而不是一种全新的网络技术。云计算的核心是在网站上提供安全快速的云计算服务和数据存储，让每个互联网用户都能使用网络上庞大的计算资源和数据中心。由于社会需求的快速发展，在分布式计算及互联网的作用下，同时在政府部门的支持和推进下，云计算在世界范围内被普遍使用，云计算在国内的发展速度也在不断提升。

1.1 云计算的概念

1.1.1 云计算的概念与起源

1. 云计算的由来

早在 20 世纪 60 年代，约翰·麦卡锡（John McCarthy）就提出了把计算能力作为一种类似水电的公共事业提供给用户。云计算的第一个里程碑是 1999 年由 Salesforce 公司提出的，即通过一个网站向企业提供企业级的应用；另一个进展是 2002 年，亚马逊提供了一组资源服务，包含了存储空间、计算能力甚至人力智能等；2005 年，亚马逊提出了弹性计算云（Elastic Compute Cloud），也称亚马逊 EC2 的网络服务，允许中小型企业和个人租用亚马逊的计算机运行自己的应用程序。到 2008 年，主流 IT 厂商开始谈论云计算，既包括 IBM、Intel 这类硬件厂商，又包括微软、Oracle 这类软件厂商，还包括了谷歌、亚马逊、中国移动、中国电信等，这些企业覆盖了整个 IT 产业链，也构成了完整的云计算生态系统。

2. 云计算的定义

云计算没有统一的定义和标准，NIST（美国国家标准及技术研究所）对云计算的定义是目前为止最被广泛认可的，即云计算是指能够通过网络随时、方便、按需访问一个可配置的共享资源池的模式。资源池包括网络、服务器、存储、应用、服务等，它能在需要很少管理工作或与服务商交互的情况下被快速部署和释放。云计算模式包括 5 个主要特点，3 个交付模式，4 个部署模式。

通俗地讲，云计算就像各家各户的自来水，各家各户没有必要为了喝上干净的自来水就建一个自来水厂。在家里只需要把水龙头打开就可以得到干净的自来水。云计算提供的这种模式，就类似自来水一样。用户想要获取信息，不需要计算机有多强大的处理能力或有多大存储空间的硬盘，只要能够随时随地获取即可。这种新型计算，在无处不在的网络环境下给大家带来了一种新的信息获取方式和信息使用模式，这就是云计算模式。

3. 云计算的五大特征

（1）按需自助服务。用户可以单方面按需获得云端的计算资源，基本不需要云服务供应商的协助。

（2）通过互联网获取。用户能够在任何时间和地点利用云终端设备接入网络，使用云计算资源。常见的云终端设备有手机、笔记本电脑、平板电脑和台式机等。

（3）资源池化。为了将资源共享给多个用户，云服务供应商需要将资源池化，资源池化后就能按用户的需求动态分配各种物理的、虚拟的资源。用户通常不知道正在使用的计算资源来自哪里，但在申请资源时可以指定大概的区域范围（如在哪个国家或哪个数据中心）。

（4）快速伸缩。在用户需要时，能快速获得资源、增强计算能力、在用户不需要时，能快速释放资源、降低计算能力，这样可以降低支付资源的费用。也就是说，用户能方便、快捷地按需获得和释放计算资源。对于用户来说，云端的计算资源是无限的，能够随时申请并获取任意数量的计算资源。

（5）可计量。用户必须为使用云计算资源付费。付费计量方式有很多种，如按照某类资源（如存储、CPU、内存、带宽等）的使用量和时长计费，或者按每次使用计费。无论如何计费，对用户来说，价格要透明，计量方法要明确。云服务提供商则需要监视和控制计算资源的使用情况，及时输出资源的使用报表，做到供需双方费用结算清楚。

1.1.2 云计算应用与发展现状

随着我国政府对云计算产业发展的高度重视，云计算产业规模迅速扩大，其应用领域也在不断地扩展，从政府应用到民生应用，从金融、医疗、教育、交通领域到创新制造等全行业延伸拓展。

其中，工业云首当其冲，这是围绕工业产业链而展开的高度信息化数据共享工程。目前，我国工业云的服务形式包括工业云数据存储、工业应用数据服务、制造管理服务及生产制造协同服务等，作为支持的工业大数据服务则多处于底层环境中。其实现方式，多是在公有云的基础之上，通过软件即服务、平台即服务、基础设施即服务等云服务形式对外提供服务。就目前而言，工业云最突出发挥作用的领域，聚集于工业安全及供应链优化两个方面。对于工业安全来说，保持工业运行过程中的数据安全，以及工业加工生产过程中的生产安全较为突出；而对于工业供应链的优化而言，则通过云环境来实现企业外部供应链供求的平衡及内部供应链细节的优化等。

金融云的发展在近几年同样十分迅速，这是一个面向银行、保险、证券等产业而发展起来的综合性云服务体系。对于金融云而言，其实时性和安全性是最为重要的两个方面，同时也会比其他领域的云服务体系更加强调系统的扩展性和经济特征。金融领域对于云计算的要求，突出体现在现有应用和数据的浅议、防灾备份型应用的实现，以及数据的深入分析和挖掘方面。金融云的软件即服务和金融云的平台即服务经过多年的发展相对比较成熟，也已经成为未来主要的发展方向。除此以外，金融基础云体系建设及虚拟化、容器化平台等方面，同样也是未来发展的重点。

另外，医疗云的发展同样不容忽视。在医疗云的建设过程中，呈现出极强的发散特征，即首先于医疗系统内部建立起对应的云服务平台，而后朝患者群体进行扩展。医疗云同样会比较注重安全性，更多注重数据的完整性，在实时性和传输速率方面的要求要高于其他领域。在发展初期，医疗云会实施于医疗系统内部，重点服务于医护工作人员，支持不同部门和科室之间的数据共享及协同工作，因此数据完整性和容灾备份是建设的核心。

1.2 云计算的类型

1.2.1 云计算的服务模式

云计算能够提供一种服务，它将大量用网络连接的计算资源统一管理和调度，构成一个计算资源池，向用户提供按需服务。根据比较权威的 NIST 定义，云计算主要分为三种服务模式（见图 1-1）：基础设施即服务（Infrastructure as a Service，IaaS）、平台即服务（Platform as a Service，PaaS）、软件即服务（Software as a Service，SaaS）。

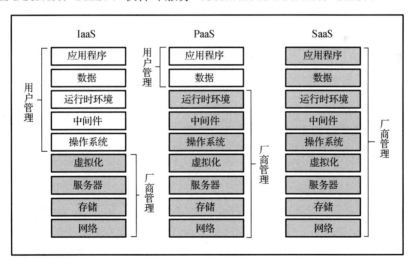

图 1-1 云计算的三种服务模式

1. 基础设施即服务（IaaS）

IaaS 服务模式把基础设施作为服务出租。IaaS 提供商搭建好基础设施，直接出租硬件服务器、存储磁盘、网络设备或虚拟主机，用户自己安装操作系统、数据库、中间件、应用程序等，因此该服务模式的主要用户是具备一定技术能力的系统管理员。

用户可以通过网络从 IaaS 提供商处获得云主机、云存储、CDN 等服务，同时由 IaaS 提供商来对这些基础设施进行管理。

2. 平台即服务（PaaS）

PaaS 服务模式把开发环境作为一种服务出租。对比 IaaS 提供商，PaaS 提供商要准备好机房，做好网络布线，购买设备，安装操作系统、数据库、中间件，也就是要把基础设施和开发环境都搭建好。为了让用户可以在开发平台上轻松编写和部署应用，PaaS 提供商还要安装各种调试工具以方便用户进行测试。

PaaS 服务模式主要面对的用户有：程序开发人员，他们可以编写代码并进行编译和调试；软件部署人员，他们负责把软件部署到云端，处理软件不同版本之间的冲突；应用软件管理员，他们监控程序的运行。

PaaS 服务模式的优势就是解决了应用软件依赖的开发环境，如中间件、运行库等，用户安装应用软件时可以避免连续报错的情况。这种服务模式可以把用户从技术中解放出来，专注于自己的核心业务。但是，用户的灵活性降低了，即不能自己安装平台软件，只能在有限范围内选择平台软件。

3. 软件即服务（SaaS）

SaaS 服务模式就是把软件部署在云端，让用户通过互联网来使用这些软件。云服务提供商把应用软件作为服务出租，用户使用终端设备接入网络，通过浏览器或接口使用云端的软件。这种模式对用户的技术要求不高，用户即使不会安装软件，也能直接使用软件。云服务提供商会根据用户使用的软件数量、使用时间长短等因素进行收费。

SaaS 提供商可以租用其他的 IaaS 云服务，自己搭建平台软件和应用软件；也可以租用其他的 PaaS 云服务，自己部署应用软件；还可以自己搭建基础设施、平台软件和应用软件。

目前，Salesforce 是提供这类服务最有名的公司，GoogleDoc、GoogleApps 和 ZohoOffice 也属于提供这类服务的公司。

4. 三种服务模式之间的关系

三种服务模式之间的关系可以从两个方面来分析：从技术角度来说，它们不是简单的继承关系。例如，SaaS 基于 PaaS 或者 PaaS 基于 IaaS，但实际上 SaaS 可以基于 PaaS 或者直接部署在 IaaS 上，PaaS 可以建立在 IaaS 上或者直接建立在物理资源上；从用户体验角度来说，由于三种服务模式面对不同类型的用户，因此它们之间的关系是相互独立的。

1.2.2 云计算的部署模型

云计算根据服务的用户来源共分为 4 种部署模型，分别是公有云、私有云、混合云和社区云。若云端的所有用户都来自社会大众，则是公有云；若云端的所有用户都来自某个特定的单位（如广东白云学院），则是私有云；若云端的所有用户都来自两个或以上特定的单位，则是社区云；若云端资源来自两个或以上不同类型的云，则是混合云。

1. 公有云

公有云的云端资源开放给社会大众使用。可以将云端部署在本地也可以部署在其他地方，如广州市民的公有云可能建在广州也可能建在深圳。

公有云的核心是共享资源服务，这些服务大部分是免费的，也有一部分要按需付费，公有云的最大意义是让用户能以较低的价格访问资源。用户不需要担心安装和维护的问题，只需要为他们使用的资源付费就行了。用户只能访问服务，并不能拥有云计算资源。

公有云的最大优点是用户不需要自行维护要使用的程序或服务，这些都由服务提供商维护。用户只需要支付相关费用，而无须购买硬件或软件，只要有一台可以上网的计算机，打开浏览器就可以享受云计算带来的便捷。

公有云在使用时也存在一些问题。首先就是安全顾虑，用户不能直接控制云端资源，对于一些核心数据，用户并不放心放到别人的数据中心。其次是带宽问题，其成本是一方面，更重要的是传输时间，当数据量快速增长时，用户难以忍受时间上的浪费。

2. 私有云

私有云不对社会大众开放，云端资源只提供给一个单位的用户使用，其他单位和个人都无权使用云端资源。若云端部署在单位内部，则称为本地私有云；若部署其他位置，则称为托管私有云。

私有云的安全及网络边界都由企业自己管理，私有云模式有如下优点。

（1）数据安全。私有云一般都构建在防火墙内，企业可以把核心应用部署到私有云上。

（2）服务质量。当企业员工访问这些基于私有云的应用时，不会受到远程网络突发异常的影响，服务质量会非常稳定。

（3）实现硬件资源重用。每个企业在发展过程中，有些硬件资源的使用率都会逐步降低，企业可以通过私有云的解决方案让它们重获"新生"。

（4）用云终端代替传统计算机。程序和数据都存放在云端，企业中的每个员工均需要设置登录账号，这样员工可以轻松地实现移动办公，也有利于文档的保存。企业 IT 团队只需要维护好云端即可，终端是硬件，不需要维护。

（5）不影响现有 IT 管理流程。对大型企业来说，流程是其管理的核心，实际上，不仅企业的业务流程非常多，IT 部门的自身流程也不少，而且大多都不可或缺。如果使用私有云，IT 部门能完全掌控私有云，这样他们就有能力让私有云更好地与现有流程进行整合。

私有云最大的缺点是成本开支高。企业必须购买创建自己的云计算机环境，前期开销大，还需要一个专业的云计算团队进行维护，因此其持续运营成本也同样偏高。私有云的规模较小，其基础设施利用率要远低于公有云。

3. 混合云

混合云由两个或以上不同类型的云组成，它们用专有技术组合起来但又各自独立。混合云让在私有云的私密性和公有云低廉的价格之间寻求平衡的用户有了更好的选择。例如，企业可以将安全性要求较高、关键的核心应用部署到私有云上，将非关键的应用部署到公有云上来降低成本。

混合云有着明显的优势，它的架构更灵活，重要数据保存到本地云，非机密数据保存到公有云。混合云既具备私有云的安全性，又具有公有云的抗灾性。当私有云资源短时间需求过大时，可以短暂租赁公有云资源来平抑峰值，这样费用更低。

混合云的缺点是：因为设置更加复杂而使维护和保护更加困难。此外，由于混合云是不同的云平台、数据和应用程序的组合，因此整合可能是一项挑战。在开发混合云时，基础设施之间也会出现兼容性问题。

4. 社区云

社区云的核心是将云端资源提供给固定的几个单位使用。参与社区云的单位要有共同的要求，如安全级别、云服务模式、规章制度等。所产生的费用由社区云成员共同承担，这样能节约一定成本。如医疗社区云，各大医院可以通过社区云共享病例和化验数据，这能极大地降低患者的就医费用。

1.2.3　云服务提供商

1. 亚马逊 AWS

Amazon Web Services（AWS）是全球最全面、应用最广泛的云平台，从全球数据中心提供超过 175 项功能齐全的服务。数百万用户正在使用 AWS 来降低成本、提高灵活性并加速创新，其中包括快速增长的初创公司、政府部门和一些大型企业。AWS 拥有最大且最具活力的社区，几乎所有行业和规模的用户都在 AWS 上运行可能的使用案例。AWS 提供的案例包括弹性计算网云、简单存储服务、简单队列服务、灵活支付服务、内容发布服务等。

2. 微软 Azure

微软 Azure 是微软研发的公有云计算平台。这个平台开发可以运行在云服务器和数据中心上的应用程序，开发者可以使用微软全球数据中心的计算机能力和基础服务。Azure 服务平台提供 Microsoft SQL 数据库服务、Microsoft.Net 服务、Live 服务、Microsoft Dynamics CRM 服务等。它是一个灵活并且支持互操作的平台，可以将开发者的个人能力和数据中心的托管服务紧密结合起来。

3. Rackspace

Rackspace 公司的云计算中心是全球三大云计算中心之一。Rackspace 公司于 1998 年成立，是一家全球领先的托管服务器及云计算服务提供商。公司总部位于美国，在英国、澳大利亚、瑞士、荷兰及中国香港地区都设有分部。在全球拥有 10 个以上的数据中心，管理超过 10 万台服务器。Rackspace 公司的托管服务产品包括专用服务器、电子邮件、SharePoint、云服务器、云存储及云网站等。在服务架构上提供专用托管，即公有云、私有云及混合云。

4. 阿里云

阿里云创建于 2009 年，是亚洲最大的云计算平台和云服务提供应商，与亚马逊 AWS、微软 Azure 一起位列全球云计算市场的第一阵营。在中国，阿里云的市场占有率最高，甚至超过了第 2～第 9 位的总和，被公认为国内云计算市场的领导者和行业巨头。

阿里云的目标用户基本上包含了所有行业，其中个人开发者、互联网用户及中小企业用户占据了将近 90%。它在全球各地部署高效节能的绿色数据中心，利用清洁计算支持不同的互联网应用。在中国、新加坡、美国、欧洲、中东、澳大利亚、日本等国家均设有数据中心。目前，阿里云服务范围覆盖全球 200 多个国家和地区。

阿里云提供关系型数据库服务 RDS、云服务器 ECS、对象存储服务 OSS、内容分发网络 CDN 等服务。

5. 腾讯云

腾讯云是腾讯公司打造的面向广大企业和个人的公有云平台，主要提供云服务器、云数据库、云存储和 CDN 等云计算服务，还提供视频、游戏、金融、移动应用等行业解决方案。腾讯云的目标用户集中在社交和游戏两大领域，它在国内市场的占据率为 18%，紧随阿里云之后。

腾讯云包括云服务器、云数据库、CDN、云安全、万象图片和云点播等产品，能提供弹性 Web 引擎等基础云服务。腾讯在社交领域实力雄厚，依靠 QQ 和微信平台吸引了大量个人用户和中小企业开发者，因此相对而言选择腾讯云会有更好的兼容性。同时，腾讯还是国内最大的游戏厂商，如果公司开发的游戏产品是依托于腾讯平台的，那选择腾讯云肯定不会有错。

6. 华为云

华为云成立于 2005 年，专注于公有云领域的技术研究，致力于为用户提供一站式的云计算基础设施服务，是国内大型的公有云服务与解决方案提供商之一。华为云的国内市场份额约为 8%。

华为云立足互联网领域，依托于华为雄厚的资本和强大的研发实力。其目标用户以互联网增值服务运营商、大中小企业、政府机关、科研院所等企事业单位为重点，提供云主机、云托管、云存储等基础服务；数据库安全、数据加密、网络防火墙等安全服务，还提供域名注册、云速建站、混合云灾备等解决方案。

华为云为用户提供云服务器、云数据库、云存储、CDN、大数据、云安全等公有云产品和电商、金融、游戏等多种解决方案。

1.3 云计算关键技术

1.3.1 虚拟化技术

虚拟化技术是计算机中一种虚拟化资源管理技术，将网络上的各种实体资源通过虚拟数字组合转换然后呈现出来，打破原来不能够自由完成转换的单一模式，能够让用户更方便地作用于服务器和内存等资源，这些虚拟部分是不会受到原先固有资源框架结构影响的，主要用来解决高强度硬件产量过剩或者是老旧硬件产量过低等问题，透明化物理硬盘，最大程度上利用物理硬件资源，其中包括计算机的计算能力及资源管理储存，权限不足及外部破坏可能会干涉上传信息。

1. 虚拟化技术特点

（1）分区：将硬件资源划分成多个分区，每个分区都有独立的 CPU、内存，并可独立安装操作系统。也就是说，硬件资源可以作为多台独立的服务器使用。

（2）隔离：将网络资源划分为多个逻辑隔离的虚拟通道，这些通道间即能保证独立性，又可以灵活地控制某条通道对其他通道的访问。虚拟机之间不会泄露数据，一台虚拟机发生故障，不会影响同一个服务器上的其他虚拟机。

（3）封装：将整个虚拟机，包括硬件配置、BIOS 配置、内存状态、磁盘状态、CPU 状态，分别存储在单独的文件中。当需要备份、保存、转移虚拟机时，只要复制这几个文件就可以了。

（4）硬件独立：虚拟机可以在其他服务器上运行而无须修改。这样就打破了硬件和操作系统之间的约束，系统的可持续运行能力有了极大的提升。

2. 按虚拟的对象分类

（1）硬件虚拟化：使用硬件模拟，允许在单个硬件平台上同时运行多个独立操作系统。有了硬件虚拟技术，用户无须担心系统崩溃，一旦使用中的操作系统崩溃，用户仍然能够瞬间切换到另外一个工作正常的操作系统上继续工作。

（2）平台虚拟化：将操作系统和硬件平台资源区分开。

（3）应用程序虚拟化：在操作系统和应用程序间创建虚拟环境。

（4）虚拟内存：将不相邻的内存区，甚至硬盘空间虚拟成统一连续的内存地址。

（5）存储虚拟化：将实体存储空间（如硬盘）分隔成不同的逻辑存储空间。

（6）网络虚拟化：将不同网络的软、硬件资源组合成一个虚拟的整体。

（7）桌面虚拟化：可以在本地计算机显示和操作远程计算机桌面，在远程计算机执行程序和储存信息。

（8）数据库虚拟化。

（9）软件虚拟化。

（10）服务虚拟化。

3. 虚拟化的层次结构

（1）指令集体系结构层（Instruction Set Architecture Level）：通过使用物理主机的 ISA 模拟一个给定的 ISA 来实现，基本的模拟方式是代码解释。

（2）硬件抽象级（Hardware Abstraction Level）：这种类型的虚拟化直接在硬件上进行。对 CPU、内存和 I/O 设备进行虚拟化，通过多个并行用户来提高硬件资源的利用率。该层级的虚拟化有全虚拟化、半虚拟化等方式。

（3）操作系统级（OS Level）：位于操作系统和应用程序之间的抽象层。操作系统级虚拟化通常用来创建虚拟主机环境，这种虚拟执行环境有自己的进程、文件系统、用户账号、IP 地址、防火墙规则等。操作系统级虚拟化几乎不需要时间，而且几乎没有开销。

（4）应用程序级（Application Level）：最流行的方法是高级语言虚拟机，虚拟化层位于操作系统上，在这一层抽象出一个虚拟机，可以运行为特定的环境所编写的程序。典型的代表是 Java 虚拟机。

（5）库支持级（Library Level）。

4．虚拟化技术的优点

（1）提高硬件利用率：由于硬件数量要满足当前甚至未来几年后的使用峰值，大部分企业的硬件利用率都相当低。实现虚拟化后，可以通过动态的调整解决峰值问题，在闲置的容量上运行多台虚拟机，而不必额外购买硬件资源。

（2）集中化管理：管理员的日常工作可通过远程操作完成。

（3）增强灵活性：通过虚拟化把硬件和操作系统、应用程序分离，可实现动态资源配置，大大提高了灵活性。无须关闭服务器就可以增加或减少虚拟机的资源。

（4）提高可靠性：通过部署额外的功能和方案，带来具有透明负载均衡、动态迁移、快速复制等高可靠服务器应用环境，减少服务器或应用系统的停机时间，提高可靠性。

（5）降低总成本：在基础设施上使用虚拟化技术，不需要对设备进行高额的投资，专业 IT 人员就能轻松地访问各种软件和服务器。不购买昂贵的设备可以节省开支，企业只需要支付虚拟化服务的费用，无须支付额外的成本。

（6）降低终端数量：虚拟化技术将多个系统整合到一台主机上，在不影响业务使用的前提下，有效减少硬件设备的数量，降低电力能耗。

目前，虚拟化软件发展正变得更加完整，其发展方向更像是一个操作系统。未来的虚拟化不能靠单一的技术实现，它要通过虚拟层将多种技术结合起来。未来的虚拟化操作系统也是一个高分布式的、企业级的操作系统。

1.3.2 资源管理与调度

1．云计算资源管理

云计算资源管理面临的挑战主要有：IT 成本高，机房网络设备利用率低；数据中心架构复杂，系统的维护和管理工作难度较大；资源占用多，峰值资源的配置需求等于浪费资源；系统可靠性低，人工服务为主，成本高，满意度低；传统模式不能适应业务发展的要求（见图1-2）。

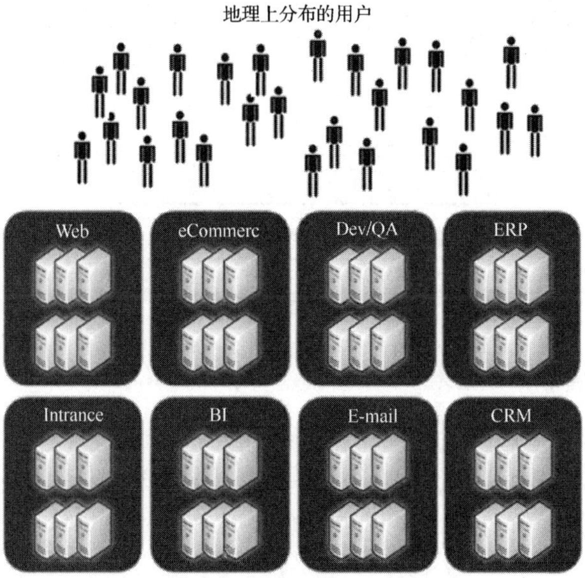

图 1-2　根据应用静态分配 IT 资源

通常情况下，计算资源既包括硬盘、内存、接口控制器及网络连接等硬件设备，还包括程序、数据文件、系统组件等软件资源。在设备上设计和部署软件后，很难对其进行更改，因此我们通常所说的资源为系统的硬件资源。这些资源按作用可以分为计算资源、存储资源和网络资源。

通俗来说，如果购买一台笔记本电脑，通常会考虑其配置的是哪种型号的 CPU，这就称之为计算资源。具有运算能力的 CPU 是决定计算资源的主要因素。购买笔记本电脑还要考虑硬盘的内存有多大，是 1T 还是 2T？这就是存储资源。决定存储资源的因素主要是硬盘和内存等存储设备。如果这台笔记本电脑要上网，那么需要网线插槽或是无线网卡，还需要到网络运营商那里开通网络、安装网线、配置路由器，这就是网络资源。

与笔记本电脑一样，数据中心更是拥有极大数量的资源和设备，为了统一管理这些设备，通常要通过资源管理来实现。

2. 云计算的资源管理目标

自动化：自动化是指整个系统能够自动地完成各种服务功能、资源调度、故障检测和处理等，基本不需要人工干预。

资源优化：云计算中心需要通过多种资源调度策略来对系统资源进行统筹安排。资源的优化通常有三种目标：通信资源调优、热均衡、负载均衡。

简洁管理：由于云计算中心需要维护的集群设备和虚拟资源非常多，为了提高运维效率，降低企业员工劳动强度，因此需要使管理方式尽量简洁。

端到端的云管理：根据负载均衡和资源均衡的策略，从共享的物理和虚拟资源中为上层的应用系统创建和提供运行环境（见图 1-3）。整合云资源，为终端用户提供直接请求资源的自助平台，时刻跟踪资源使用情况，生成报表和账单。

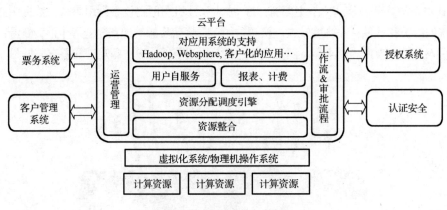

图 1-3　端到端的云管理

3. 云计算资源管理关键技术

云计算系统资源管理可以分为资源监控和资源调度两部分。

资源监控是指记录系统的运行状态，按时间分为实时和非实时，按监控方式分为主动监控和被动监控。实时监控要记录系统每时每刻的运行状态，非实时监控则间隔性记录。

主动监控是指中心节点主动向各个节点发送系统运行参数，被动监控则是指各个节点向中心节点发送消息，要求上报当时的系统状况。考虑到监控给系统带来的负载，云计算环境一般采用非实时被动监控方式。

资源调度是指根据一定的资源使用规则，将各种分布式资源组合起来，以满足特定环境中不同资源用户的需求过程。调度策略是资源管理的最上层技术，主要是确定调度资源的目的及当资源供需有冲突的情况下如何满足眼前的需求。

资源调度的目的是最大化满足用户请求、最大化资源利用、最低成本和最大化利润率。根据这些目的，云计算负载均衡调度策略与算法可以分为两类：经济优先和性能优先。

（1）经济优先。由于开发云计算系统的初衷就是降低成本，公有云和混合云都是在开放市场中进行商业运营的，因此要在资源调度中建立合适的经济模型。资源提供商要通过提供的资源获得收益，汇集到市场上的资源越多，可供用户选择的资源就越多。这样，用户就能获得性价比更高的服务，资源提供商也能获得更好的收益。

（2）性能优先。云计算利用虚拟化技术和大规模数据中心技术，将分散的资源抽象为资源池，为用户提供基础设施租赁和各种平台服务。数据中心向用户提供服务时要屏蔽底层的细节，它面临的首要问题是资源共享及虚拟资源的动态分配和管理。系统性能是一种衡量动态资源管理结果的天然指标。通常系统性能指标包括平均响应时间、资源利用率、任务的吞吐率等。在云计算中性能优先主要包括：先到先得服务、负载均衡、提高可靠性。

1.3.3 云存储

1. 云存储的概念

云存储是在云计算概念上延伸出来的一个新概念，是指通过集群应用、网络技术等功能，把网络中不同类型的存储设备通过应用软件集合起来协同工作，共同对外提供数据存储和业务访问功能的一个系统。当云计算系统中有大量数据需要存储和管理时，系统中就要配置大量存储设备，那么云计算系统就会转变为一个云存储系统。

云存储是一种网络在线存储的模式，即把资源存放在由第三方托管的多台虚拟服务器，而非专属的服务器上。需要数据存储服务的人，为了满足大量数据存储的需求，通过托管公司购买或租用存储空间。数据中心营运商根据用户的需求，以存储资源池的方式提供给用户，用户便可自行使用此存储资源池来存放文件或数据。

2. 云存储系统结构

云存储系统结构图如图1-4所示，由存储层、基础管理层、应用接口层和访问层组成。

存储层：是云存储的基础。云存储依靠存储层将不同的存储设备互连起来，实现对数据的统一管理，是一个面向服务的分布式存储系统。存储设备管理层位于物理存储设备之上，实现对物理存储设备的虚拟化管理、状态监控和升级维护等功能。

基础管理层：是云存储的核心。主要功能是在存储层提供的存储资源上部署分布式文件系统或者建立和组织存储资源对象，并将用户数据进行分片处理，按照设定的保护策略将分片后的数据以多副本或者纠删冗余码的方式分散存储到具体的存储资源上。同时，在本层还会在节点间进行读/写负载均衡调度及节点或存储资源失效后的业务调度与数据重建恢复等任务，以便始终提供高性能、高可用的访问服务。不过，在具体实现时，该层的功能也可能上移，位于应用接口层和访问层之间，甚至直接嵌入到访问层中，与业务应用紧密结合，形成业务专用云存储。

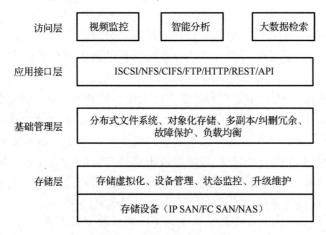

图 1-4　云存储系统结构图

应用接口层：是一个可以自由扩展的、面向用户需求的结构层。一般情况下，可以根据具体情况和需求，开放各种接口，为其提供多种服务。

访问层：在连接互联网的任何一台计算机上，只要经过用户授权，都可以通过这一层，进入云存储平台系统，进行云存储上的允许授权的操作，享受云存储带来的各种服务。

1.3.4　云安全

云安全（Cloud Security）通常包括两层含义：一是云计算安全，通过相关安全技术，找到安全解决方案，保护云计算系统本身的安全；二是安全云，指厂商提供的安全服务的云，这里的安全是一种服务形式。

1. 云安全与传统安全

云计算引入了虚拟化技术，改变了服务方式，需要增加虚拟化安全的防护措施。云安全和传统安全有一些共同点，如两者的安全目标都是为了保护数据的安全和完整，保护对象都是系统中的用户、网络、存储资料等，其加解密技术、安全检测技术都是类似的。云计算又有特有的安全问题，如虚拟化安全问题、与云计算服务模式相关的安全问题。

2. 云安全系统难点

（1）需要大量的客户端（云安全探针），才能对互联网上出现的恶意程序和危险网站有最敏锐的感知。一般来说，安全厂商的产品使用率越高，反应就越快，最终要实现无论哪台计算机中毒都能在第一时间做出反应。

（2）需要专业的反病毒技术和经验。安全厂商要具备过硬的技术，在最短时间内发现恶意程序并进行分析，否则容易造成样本的堆积，降低快速探测的速度。

（3）需要大量的资金和技术投入。

（4）云安全可以是个开放性的系统，其"探针"应当与其他软件相兼容，即使用户使用不同的杀毒软件，也可以享受云安全系统带来的成果。

3. 云安全应对

漏洞扫描和渗透测试是所有 PaaS 和 IaaS 云安全技术都必须执行的。无论这些云安全技术是在云中托管应用程序还是运行服务器和存储基础设施，用户都必须对暴露在互联网中的系统安全状态进行评估。

在 PaaS 和 IaaS 环境中测试 API 和应用程序的集成时，企业要重点关注处于传输状态下的数据，以及通过绕过身份认证的方式对应用程序和数据的潜在非法访问。

云安全技术中最重要的要素就是配置管理，其中包括了补丁管理。在 SaaS 环境中，配置管理完全由云供应商处理。用户可通过服务组织控制与云安全联盟的证明向提供商提出一些补丁管理和配置管理的要求。

在 PaaS 环境中，平台的开发和维护由提供商负责。应用程序配置与开发的库和工具可能由企业用户管理，因此安全配置标准仍然还是属于内部定义范畴，这些标准都应在 PaaS 环境中被应用和监控。

云提供商负责所有基础设施的运行，其中主要包括虚拟化技术、网络及数据存储等各个方面。它还负责其相关代码，包括管理接口和 API，因此还需要它对开发实践和系统开发生命周期进行评价。只有 IaaS 用户会对整个系统规格拥有真正的控制权，如果虚拟机是基于一个云提供商提供的模板而部署的，那么在使用中也应确保这些虚拟机的安全性。

4. 云安全技术关键

云安全技术的关键是首先了解用户及其需求，并针对这些需求设计解决方案，如全磁盘或文件加密、用户密钥管理、入侵检测/防御、安全信息和事件管理、日志分析、双模认证、物理隔离等。

云安全技术的安全标准包括支付卡行业数据安全标准（PCI DSS），一个供企业保护信用卡信息的专用信息安全标准。2002 年，《Sarbanes-Oxley（SOX）法案》要求对支持企业披露准确性和可靠性的数据进行保护和存储。1996 年，《健康保险流通与责任法案（HIPAA）》规定了受保护健康电子信息的国家级安全性标准。

5. 云安全技术分类

云安全本质上可以分为两类：一类是用户的数据隐私保护；另一类是传统互联网和硬件设备的安全。在云安全技术方面，首先是多租户带来的安全问题。不同的用户相互隔离，避免相互影响。其次，使用第三方平台带来的安全风险。提供云服务的厂商有可能租用第三方的云平台，那么这里面就存在管理人员的权限问题。

1.4 项目实验

项目实验 1 GitHub 项目托管

1. 项目描述

（1）项目背景。GitHub 是全球最大的社交编程及代码托管网站。通过使用 GitHub，可以方便地记录代码版本。由于国内外大量著名的项目都开始搬迁到 GitHub，它又可以称为开源代码社区，用户可以学习优秀的开源项目，了解最新的行业动态，也可以借助 GitHub 托管项目代码。通过 GitHub 可以直观地看到项目代码是如何一步步更新变化的。

（2）任务内容。本项目将以 GitHub 为例，学会如何在 GitHub 官网上管理自己的项目。包括如下内容：

- 注册账户及创建仓库。
- 创建分支实例。
- 代码合并。

（3）所需资源。一台计算机，具备 Internet 连接环境。

2. 项目实施

步骤 1：注册账户及创建仓库。

（1）进入 GitHub 官网（见图 1-5）。单击主页面右上角的"Sign up"按钮，填写相关信息进行注册。

图 1-5　GitHub 官网页面

（2）注册一个新账户（见图 1-6），其文本框从上至下依次是用户名、邮箱和密码。填写完信息后，单击"Create account"按钮。注册时填入的邮箱会收到验证邮件，验证成功后就完成了所有注册步骤。

图 1-6　注册一个新账户

（3）注册完成后，进入登录后的主页面，单击页面右上角的"下拉+"按钮，在弹出的下拉列表框中选择"New repository"选项（见图1-7），创建一个新的代码仓库。进入创建页面（见图1-8）后，填写仓库的名称、仓库的描述，勾选"Add a README file"复选框，单击"Create repository"按钮，即完成仓库创建。

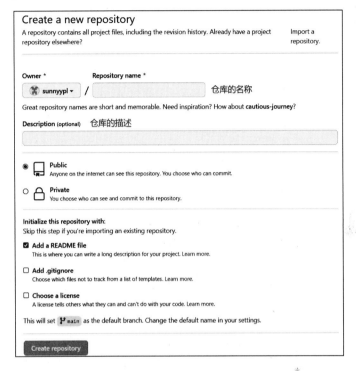

图1-7 创建一个新的代码仓库　　　　　　　图1-8 创建仓库页面

（4）创建仓库后，单击页面右上角图标"下拉+"按钮，在弹出的下拉列表框中，选择"Your profile"选项（见图1-9），进入管理页面，可查看自己创建的代码仓库（见图1-10）。

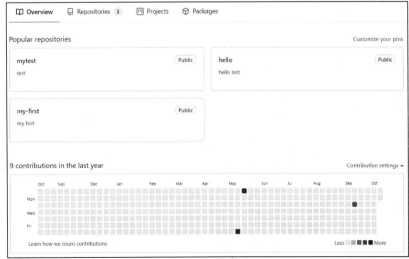

图1-9 查看代码仓库　　　　　　　　　　图1-10 已创建的代码仓库信息

步骤 2：创建一个分支。

分支是一种可以在同一仓库的不同版本中同时工作的方法。在自己创建的仓库管理中有一个名称为"main"的主分支，它是系统默认的。主分支用来存储代码的最终版本。用户创建其他的子分支来进行编辑和更改，确定之后再提交到主分支。

（1）进入新创建的仓库，单击文件列表上方的"main"下拉框，在文本框中输入新的分支名称"readme-edits"，单击下方的分支创建框或直接按下键盘上的 Enter 键（见图 1-11）。

（2）创建完毕，已经有了"main"和"readme-edits"两个分支（见图 1-12）。

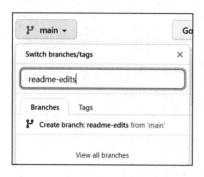

图 1-11　创建新分支　　　　　　　　　图 1-12　分支创建后的效果

（3）单击"README.md"文件，切换到"README.md"内容页面，单击文本框右上角的"铅笔"按钮，进入编辑界面。在文本框中，输入具体信息（见图 1-13），在页面下方的"Commit changes"文本框中，输入用户做出此次修改的备注说明，然后单击"Commit changes"按钮（见图 1-14）。

图 1-13　"README.md"编辑界面

注意，这些更改只针对位于"readme-edits"子分支中的"README.md"文件，所以现在这个分支上包含的内容与主分支上包含的内容已经不同了。

步骤 3：为更改的"README.md"文件发出"请求代码合并"请求。

（1）单击"Pull requests"按钮，切换到请求代码合并页面，再单击"New pull request"按钮（见图 1-15）。

（2）选择新创建的"readme-edits"分支，与主分支进行比较。再对比页面查看这些更改，若确定已经更改，则单击"Create Pull Request"按钮（见图 1-16）。

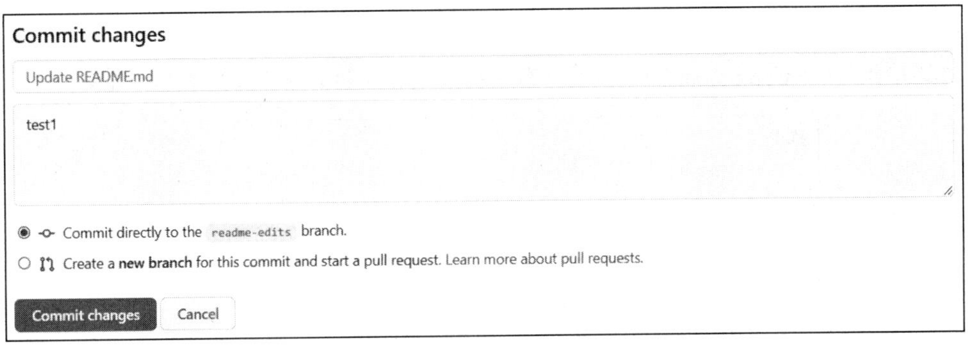

Commit changes
Update README.md
test1
Commit directly to the readme-edits branch.
Create a new branch for this commit and start a pull request. Learn more about pull requests.
Commit changes
Cancel

图 1-14 修改备注说明

Code
Issues
Pull requests
Actions
Projects
Wiki
Security
Insights
Label issues and pull requests for new contributors
Dismiss
Now, GitHub will help potential first-time contributors discover issues labeled with good first issue
readme-edits had recent pushes 9 minutes ago
Compare & pull request
Filters
is:pr is:open
Labels 9
Milestones 0
New pull request

图 1-15 请求代码合并页面

Comparing changes
Choose two branches to see what's changed or to start a new pull request. If you need to, you can also compare across forks.
base: main
compare: readme-edits
Able to merge. These branches can be automatically merged.
Discuss and review the changes in this comparison with others. Learn about pull requests
Create pull request
1 commit
1 file changed
0 comments
1 contributor
Commits on May 16, 2021
Update README.md
Verified
6dfec52
Showing 1 changed file with 1 addition and 0 deletions.
Unified
Split
README.md
@@ -1,2 +1,3 @@
# hello
hello test
+ this is a test code

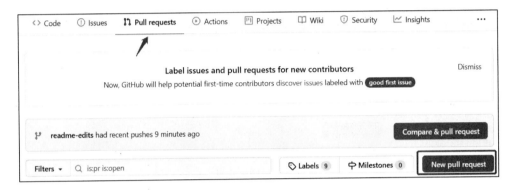

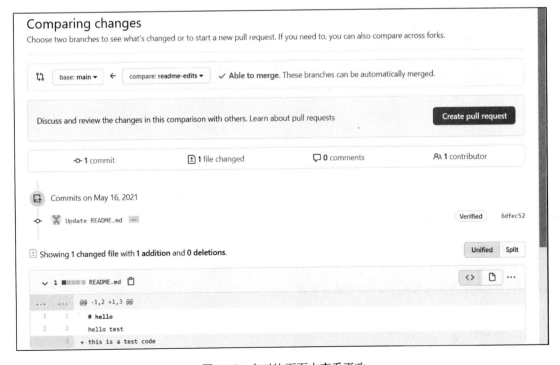

图 1-16 在对比页面中查看更改

步骤 4：合并"请求代码合并"请求。

（1）单击"Merge pull request"按钮，将这些修改合并到主分支（见图 1-17）。

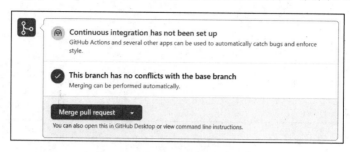

图 1-17　将修改合并到主分支

（2）然后单击"Confirm merge"按钮，确定合并（见图 1-18）。

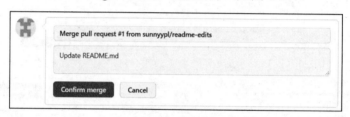

图 1-18　确定合并

（3）由于"rradme-edits"分支的更改已经被合并了，因此还需要单击"Delete branch"按钮，删除该分支（见图 1-19）。

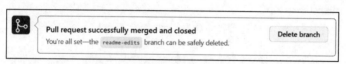

图 1-19　删除"readme-edits"分支

习　题　1

一、单项选择题

1．云计算是对_____技术的发展与运用。

 A．并行计算   B．网格计算

 C．分布式计算   D．以上都是

2．将基础设施作为服务的云计算服务类型是_____。

 A．IaaS   B．PaaS

 C．SaaS   D．以上都不是

3．从研究现状上看，下面不属于云计算特点的是_____。

 A．超大规模   B．虚拟化

 C．私有化   D．高可靠性

4. 亚马逊 AWS 提供的云计算服务类型是_____。

    A. IaaS

    B. PaaS

    C. SaaS

    D. 以上都是

5. 下列关于公有云和私有云描述不正确的是_____。

    A. 公有云是云服务提供商通过自己的基础设施直接向外部用户提供服务

    B. 公有云能够以低廉的价格，提供有吸引力的服务给最终用户，创造新的业务价值

    C. 私有云是为企业内部使用而构建的计算架构

    D. 构建私有云比使用公有云更便宜

6. 云计算技术的研究重点是_____。

    A. 服务器制造

    B. 将资源整合

    C. 网络设备制造

    D. 数据中心制造

7. 云计算是一种按使用量计费的模式，这种模式提供可用的、便捷的、按需的网络访问，进入可配置的_____。

    A. 计算资源共享池

    B. 工作群组

    C. 用户端共享资源

    D. 服务提供商共享资源

8. 云计算是指 IT 基础设施的_____模式。

    A. 传输和分配

    B. 互换和共享

    C. 交付和使用

    D. 融合和优化

9. 云主机是一种云计算服务，由 CPU、内存、云硬盘及_____组成。

    A. 显卡

    B. 软盘驱动器

    C. 镜像

    D. 调制解调器

10. 云计算的一大特征是_____，没有高效的网络云计算就不能提供很好的使用体验。

    A. 按需自助服务

    B. 无处不在的网络接入

    C. 资源池化

    D. 快速弹性伸缩

11. 亚马逊公司通过_____计算云，可以让用户通过 Web Service 方式租用计算机来运行自己的应用程序。

    A. S3

    B. HDFS

    C. EC2

    D. GFS

12. 不属于桌面虚拟化技术构架的选项是_____。

    A. 虚拟桌面基础架构（VDI）

    B. 虚拟操作系统基础架构（VOI）

    C. 远程托管桌面

    D. OSV 智能桌面虚拟化

二、简答题

1. 简述云计算的三种服务模式及其功能。

2. 简述虚拟化与云计算的关系。

3. 简述云计算核心架构安全中的各项关键技术。

4. 简述在云平台上开发应用的优势。

第 2 章

虚拟化技术

从资源的角度看，虚拟化技术是将计算机的各种实体资源，如 CPU、内存、存储及网络等，予以抽象、封装后呈现出来，从而打破实体结构间不可分割的限制，使用户可以通过更加透明、灵活、高效的方式来使用这些资源。虚拟化是资源的抽象化，既包括单一物理资源的多个逻辑表示，也包括多个物理资源的单一逻辑表示。在对计算机资源的抽象化表示过程中，不再按照资源的地理位置、外在形态、资源实现方式来表示，而是为数据、计算能力、存储资源、网络资源及其他资源提供一个逻辑视图，而不是物理视图，从而隐藏资源属性和操作之间的差异，并允许通过一种通用的方式来调度使用并维护资源。资源虚拟化通过重组重用方式提高了资源利用率，并且提高了可用性和可靠性，虚拟化作为云计算的基石，在生产环境中获得了广泛的应用。

资源虚拟化大体可分为计算资源虚拟化、存储资源虚拟化及网络资源虚拟化。本章主要介绍存储资源虚拟化和网络资源虚拟化，计算资源虚拟化在第 3～5 章中详细介绍。

2.1 存储资源虚拟化

2.1.1 数据存储技术简介

在大数据时代，无论是组织还是个人，数据无疑是最为重要的资产。随着移动互联网、物联网的快速发展，终端节点和用户数量不断增长，同时数据采集、传输、处理、存储也呈海量式增长。根据国际数据组织（IDC）预测，全球数据总量到 2025 年将从 2018 年的 33ZB 增长到 175ZB，复合年增长率为 61%。这些数据如何组织，如何存储，如何访问，又如何有效利用呢？

在现行的计算机系统架构下，一方面，由于访问存储设备的速度和 CPU 的处理速度不匹配，通常采用处理器、寄存器、高速缓冲存储器、主存储器、辅助存储器和大容量存储器多级存储体系结构，如图 2-1 所示。在多级存储结构中，越靠近 CPU 的存储设备存储速度越快，而外部设备（简称外设）的存储速度最慢。另一方面，靠近 CPU 的存储设备虽然存储速度快，但是单位容量的存储单元价格也相对较贵，且容量较小。因此，通常将大容量存储器放在外设上，以兼顾速度、容量与性价比。在企业应用环境中，数据存储具有多样性和复杂性，例如，为了实现存储对象的分类存储和管理，可以将单个物理存储设备划分成不同的磁盘分区（逻辑卷）；另外在服务器集群环境中，单个物理存储设备容量总是有限的，为了满足数据存储的大容量、灵活性、高效性和容灾性，需要将多个独立的物理存储设备组织起来，构成存储系统。

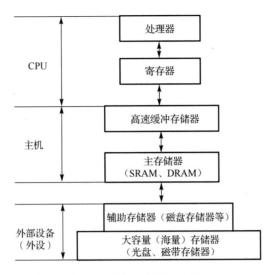

图 2-1　存储系统的层次结构

　　随着现代计算机技术的不断发展，存储介质和存储系统也在不断地更新和发展。早期的数据存储一般以磁盘阵列等设备为外设，围绕服务器通过直连的方式进行存储。而近年来，随着计算机网络技术、云计算技术的发展，数据存储技术、架构和方式也随之发生变化，存储虚拟化等理论和技术逐渐被应用到现代存储系统中。存储虚拟化通过软件的方式重新组织存储系统，能够屏蔽不同类型的底层存储技术特征，提供统一的存储访问服务。存储虚拟化的优点是安装快捷、成本低廉、容易扩展。

　　存储虚拟化技术演进可分为两个阶段。第一阶段是以数据中心（NAS）网络连接存储和 SAN 存储区域网络为代表的集中式存储；第二阶段是通过软件进行定义、自动分配和管理存储资源的软件定义存储（SDS）。

2.1.2　存储方式

　　（1）直连式存储。直连式存储（Direct-Attached Storage，DAS）是一种通过总线适配器直接将硬盘等存储介质连接到主机上的存储方式。每台主机都有独立的存储设备，在存储设备和主机之间通常没有网络设备的参与，因此主机之间的存储无法直接互通。跨主机或者异构平台之间在存取数据时，操作比较复杂，不容易实现。DAS 是早期最基本的存储架构方式，在计算机、服务器上较为常见。DAS 的优势在于架构简单、成本低廉、配置简单、读/写效率高等；缺点是容量有限、难于实现共享和存储空间动态分配及数据备份操作复杂。

　　（2）网络连接存储。网络连接存储（Network Attached Storage，NAS）是一种直接与网络介质相连并采用 TCP/IP 等网络协议实现数据存取的存储系统。在 NAS 结构中，存储系统不再通过 I/O 总线与某台服务器或客户机直接连接，而是通过网络接口与网络直接相连，由用户通过网络访问。NAS 是一种提供文件级别访问接口的网络存储系统，通常采用 NFS、SMB/CIFS 等网络文件共享协议进行文件存取。NAS 支持多客户端同时访问，为服务器提供大容量的集中式存储，从而也方便了服务器间的数据共享。一套 NAS 存储设备就如同一个提供数据文件服务的系统，特点是易于安装和部署，管理和使用方便，性价比高，在很多领域中都获得了广泛的应用。

NAS 为异构平台使用统一存储系统提供了解决方案。NAS 只需要在一个基本的磁盘阵列柜外增加一套瘦服务器系统即可，对硬件要求不高，软件成本也较低。由于 NAS 设备是直接连接到 TCP/IP 网络上的，网络服务器通过 TCP/IP 网络存取管理数据，可以允许客户机不通过服务器直接在 NAS 中存取数据，因此对服务器来说可以减少系统开销。NAS 存在的主要问题是：首先，由于存储数据通过 TCP/IP 网络传输，容易受网络带宽和其他流量的影响。当网络带宽受限，或者网络上有其他大数据流量时，会严重影响系统性能；其次，由于存储数据通过普通数据网络传输，因此容易导致数据泄漏等数据安全问题；最后，存储只能以文件方式访问，而不能像 DAS 那样直接访问物理数据块，从而严重影响数据存储效率，如大型数据库就不能使用 NAS。

（3）存储区域网络。存储区域网络（Storage Area Network，SAN）是一种采用网状通道（Fibre Channel，FC）技术，通过 FC 交换机连接存储阵列和服务器主机，建立专用于数据存储的区域网络。SAN 实际是一种专门为存储建立的独立于 TCP/IP 网络之外的专用网络，同时提供了一种与现有 LAN 连接的简易方法，并且通过同一物理通道支持广泛使用的 SCSI 协议和 IP 协议。目前,常见的 SAN 有 FC-SAN 和 IP-SAN，其中 FC-SAN 为通过光纤通道协议转发 SCSI 协议，IP-SAN 通过 TCP 协议转发 SCSI 协议。作为存储网络，SAN 具有以下优点。

- 具备高可用性、高可靠性和安全性。
- 灵活、方便的存储设备配置和管理。
- 可实现高速计算机与高速存储设备之间高速互联、大容量存储设备数据的共享。
- 可实现数据快速备份和恢复。

SAN 经过十多年的发展，已经相当成熟，获得了市场的广泛认可，是企业级存储的解决方案，已成为业界的事实标准。SAN 的缺点包括：一是价格昂贵，SAN 必需的光纤通道交换机及服务器上适配的光通道适配器的价格都比较昂贵；二是需要单独建立光纤网络，异地扩展相对比较困难。

DAS、NAS、SAN 三种存储方式的对比如表 2-1 所示。

表 2-1 DAS、NAS、SAN 三种存储方式的对比

系统架构	DAS	NAS	SAN
安装难易度	不一定	简单	困难
数据传输协议	SCSI/FC/SATA	TCP/IP	FC
传输对象	数据块	文件	数据块
使用标准文件共享协议	否	是（NFS/CIFS…）	否
异种操作系统文件共享	否	是	需要转换设备
集中式管理	不一定	是	需要管理工具
管理难易度	不一定	容易	困难
提高服务器效率	否	是	是
容灾度	低	高	高（专有方案）

续表

系统架构	DAS	NAS	SAN
应用环境	局域网 文档共享程度低 独立操作平台 服务器数量少	局域网 文档共享程度高 异质格式存储需求高	光纤通道储域网 网络环境复杂 文档共享程度高 异质操作系统平台
业务模式	一般服务器	Web 服务器 多媒体资料存储 文件资料共享	大型资料库 数据库等
扩容能力	低	中	高

2.1.3 软件定义存储

伴随移动互联网、物联网、大数据的快速发展，数据呈指数增长，对存储的需求越来越高。传统的存储解决方案难以满足这些存储需求，因此迫切需要一种更加高效、灵活的解决方案，软件定义存储是解决这些问题的常用方案。

在计算资源、存储资源、网络资源虚拟化的背景下，人们开始探讨并研究用软件定义 IT 基础架构领域。最早提出的是 SDN 软件定义网络，通过将网络设备的控制平面与数据平面分离开来，并通过软件实现可编程化控制，实现网络流量的灵活控制，为核心网络及应用的创新提供了良好的平台。随后 VMware 提出了软件定义存储的概念，通过将所有存储硬件抽象成资源池，并通过软件界面或 API 的方式来提供给用户。软件定义存储用独立于底层硬件的软件来定义存储服务，将存储服务从存储系统中抽象出来，可同时向不同的存储设备提供存储服务，从而满足用户自定义策略下的存储自动化工作，方便存储资源管理。

软件定义存储（SDS）是一个不断进化的概念，在现阶段看来，是指存储资源由软件自动控制，通过抽象、池化和自动化，将标准服务器内置存储、直连存储，外置存储，或云存储等存储资源整合起来，实现应用感知，或者基于策略驱动的部署、变更和管理，最终达到存储即服务的目标。

实际上，尽管 SDS 的定义出现至今已近 10 年，但仍没有统一的标准。各家权威咨询机构，各大厂商，都对这一概念有着不同的定义或描述。对 SDS 看法比较权威的是 SNIA 机构。SNIA（Storage Networking Industry Association，全球网络存储工业协会）认为，SDS 能够将存储资源抽象并池化，具备存储管理接口，对外能通过 API 的形式提供数据服务。SDS 需要满足以下功能。

- 自动化：便捷的全局自动化管理，降低存储基础架构的运维成本。
- 标准接口：丰富的 API 接口，用于管理、供给和维护存储设备和服务。
- 虚拟化数据路径：块级、文件级和对象级接口支持应用写入。
- 扩展性：存储基础架构的无缝扩展，实现可靠性或性能的提升（如 QoS 和 SLA 设置）。
- 透明性：用户对存储资源及成本耗费可进行公开透明的监控和管理。

典型的软件定义存储解决方案（如希智数据的 Federator SDS）的核心功能主要包括智能存储虚拟化、指挥调度及存储数据服务。可提供存储发现、抽象、池化、分类、策略定义、存储配置和交付及存储管理可视化。Federator SDS 能够识别不同存储资源的内置功能，自动将具有不同能力（容量、性能、可靠性等）的多个物理存储资源进行分类，并抽象为单个或多个虚拟存储池；Federator SDS 基于不同策略定义按需存储，以统一的方式为数据存储、访问、迁移、保护、容灾提供服务，并为存储的管理和分析提供可视化工具，如图 2-2 所示。

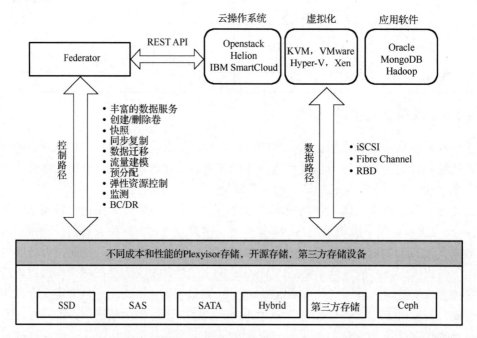

图 2-2　Federator SDS 对存储资源的统一管理和服务交付

软件定义存储借鉴了网络定义存储的思想。从用户视角看，SDS 包括控制平面和数据平面。控制平面负责数据的调度管理和流向控制；而数据平面负责数据的处理和优化，如图 2-3 所示。

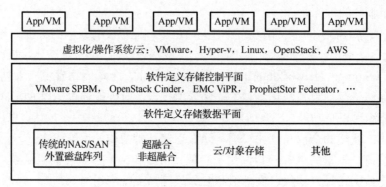

图 2-3　软件定义存储架构

1. 控制平面

控制平面主要负责数据的指挥调度，在 SDS 控制平面这一层，目前行业应用中比较广泛的控制平面如下。

VMware SPBM（Storage Policy Base Management）是基于存储策略的管理。VMware SPBM 通常是基于存储阵列的功能和数据存储服务，可以发现存储需求，提供友好的用户界面，更好地实现基于阵列的快照、复制、迁移等卷管理功能及重复数据删除、服务质量等。

OpenStack Cinder。Cinder 是 OpenStack 云平台的一个组件，用来提供块存储服务。Cinder 通过统一的存储软件接口，开放块存储服务，可为虚拟机、裸主机、容器等提供卷。Cinder 是基于组件的架构，可以访问业界的大多数 SAN 存储产品，具有高可用性、高可靠性、可恢复、开源等特点。

以 EMC ViPR 为代表的一类存储管理软件，ViPR 的底层由各种不同的阵列组成虚拟存储资源池，对外提供开放的 API 接口，目标是实现对不同的存储产品的统一管理、存储空间异构等存储资源池化、整合、调配和数据服务。

2. 数据平面

SDS 数据平面负责抽象和资源池化，负责数据处理和数据优化。在 SDS 数据平面这一层，涉及多种存储形态。

传统的 SAN/NAS 外置磁盘阵列，包括 SAN 存储或者 NAS 存储。目前，支持 SDS 的存储产品有 IBM V 系列和 DS 系列，EMC VNX、NetApp FAS 系列，HDS HUS、DELL SC 系列和 PS 系列，HP 3PAR、华为 OceanStor 系列等。

超融合架构（HCI）是软件定义的统一系统，该系统将存储虚拟化、计算虚拟化、网络连接虚拟化、高级管理功能（包括自动化）等传统数据中心的 4 个要素紧密集成为软件组件，组成一个超融合平台，具备存储、计算、网络连接和管理功能。应用比较广泛的有 VMware VSAN 或 EVO:RAIL、EMC ScaleIO、Nutanix、Maxta、云宏超融合 CNware WinHCI 等。

非超融合架构，即独立的分布式存储系统。分布式存储系统采用可扩展的系统结构，利用多台存储服务器分担存储负荷，具有高可靠性、高可用性和高存取效率，同时易于扩展等优点。应用比较广泛的有 DELL Fluid Cache、HP StorVirtual、RedHat Inktank Ceph、浪潮 AS13000 和云宏 WinStore 等。

云/对象存储，是为互联网应用提供非结构化文件存储的服务。相对于传统磁盘存储，对象存储具有低成本、高性能、高持久、高可用，能够支持高并发、高频繁、单个大文件的数据存储访问等优点。通过 RESTful API 等接口与对象存储进行数据的输入/输出，目前有三种 RESTful API：亚马逊 S3、SNIA CDMI 和 OpenStack SWIFT。

2.1.4　分布式存储

分布式存储是采用可扩展的系统结构，将分散在不同位置、不同服务器上的存储资源组成一个虚拟的存储设备，利用多台存储服务器分担存储负荷，将数据分散存储到多个存储服务器上。物联网及大数据应用导致了数据量的爆发式增长，传统的集中式存储（如 NAS 或 SAN）在容量和性能上都不能很好地满足大数据的需求。因此，具有可扩展能力的分布式存储成为大数据存储的主流架构方式。分布式存储多采用普通的硬件设备作为基础设施，因此，单位容量的存储成本也得到大大降低。另外，分布式存储在性能、维护性和容灾性等方面也具有不同程度的优势。

分布式存储最早是由谷歌提出的，主要用来解决大规模、高并发连接场景下的 Web 访问问题。分布式存储架构由三个部分组成：客户端、元数据服务器和数据服务器。客户端负责发送读/写请求，缓存文件元数据和文件数据。元数据服务器负责管理元数据和处理客户端的请求，是整个系统的核心组件。数据服务器负责存放文件数据，保证数据的可用性和完整性。该架构的好处是性能和容量能够同时拓展，系统规模具有很强的伸缩性。

图 2-4 是分布式存储的简化模型。在该系统的整个架构中将服务器分为两种类型，一种名为 namenode，这种类型的节点负责处理，管理数据（元数据），另外一种名为 datanode，这种类型的服务器负责实际数据的管理。若客户端需要从某个文件读取数据，首先从 namenode 获取该文件的位置（具体在哪个 datanode），然后从该位置获取具体的数据。在该架构中，namenode 通常是主备部署，而 datanode 则是由大量节点构成一个集群。由于元数据的访问频度和访问量相对数据都要小很多，因此 namenode 通常不会成为性能瓶颈，而 datanode 集群可以分散客户端的请求。因此，通过这种分布式存储架构可以通过横向扩展 datanode 的数量来提高承载能力，即提高了动态横向扩展的能力。

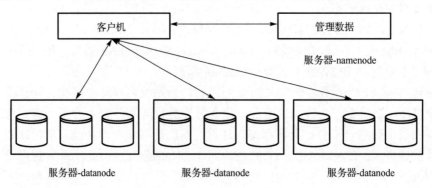

图 2-4 分布式存储的简化模型

分布式存储系统需要解决的关键技术包括元数据管理、弹性可扩展技术、数据冗余、存储优化技术等，同时需要考虑数据一致性、可用性与可靠性等问题。

当前，分布式存储有多种实现技术，如 HDFS、Ceph、GFS、Swift 等。在主流的分布式存储技术中，HDFS、GPFS、GFS 属于文件存储，Swift 属于对象存储，而 Ceph 可支持块存储、对象存储和文件存储。

1. Hadoop 分布式文件系统（HDFS）

HDFS 是一种高度容错性的系统，其设计适合运行在通用硬件上的分布式文件系统（DFS），即适合部署在廉价的计算机上。HDFS 能提供高吞吐量的数据访问，非常适合大规模数据集上的应用。HDFS 放宽了一部分可移植操作系统接口（POSIX）的约束，是其实现流式读取文件系统数据。

HDFS 是 Apache Hadoop Core 项目的一部分，最开始是作为 Apache Nutch 搜索引擎项目的基础架构而开发的。该系统设计的初期，就明确其作为 Hadoop 大数据架构中的存储组件的目标。可以说，该系统就是为大数据应用场景而生的。该系统的主要应用场景如下。

● 对大文件连续存储的性能高，因此适合几百 MB 甚至几个 GB 的大文件存储。系统采用以元数据的方式进行文件管理，元数据的相关目录和块等信息保存在 NameNode 的内存中，系统占用内存空间数量和处理文件数量成正比。

- 适合写入频次低、读取频次高的数据业务。该系统具有读取吞吐量大，写入延时较大的特点。大数据分析业务处理模式的最大特点就是一次写入、多次读取，然后进行数据分析处理。
- 多副本数据保护机制只需部署在普通的 x86 服务器上就能保证数据的可靠性，不推荐在虚拟化环境中部署。

2. 分布式文件系统（Ceph）

Ceph 是业界应用最广泛的分布式存储系统，作为一个开源的项目，已得到国内外众多厂商的支持。目前厂家都是基于 Ceph 架构进行深度定制的，并开发出超融合系统的分布式存储系统。Ceph 能够同时支持对象存储、块设备存储和文件系统存储服务三种不同类型的存储服务的特性，使其逐步取代其他分布式存储，成为 Linux 家族系统和 OpenStack 的标配，用于支持和开发各自的存储系统。

在寻址方式设计方面，Ceph 采用 CRUSH 算法替代传统的集中式存储元数据寻址的方案，使数据分布更加均衡，数据存储并行度更高。在对象存储方面，Ceph 支持 Swift 和 S3 的 API 接口，系统具备良好的兼容性。在块存储方面，支持精简配置、快照、克隆，而且在支持块存储基础上，数据具有强一致性，可以获得传统集中式存储的使用体验。在文件系统存储方面，支持 Posix 接口，支持快照。但是，Ceph 也存在一些缺点：一方面，Ceph 是一个去中心化的分布式存储解决方案，系统开发对开发技术团队的技术能力要求高，需要提前对系统做好规划设计。另一方面，由于其数据分布均衡的特性，会导致整个存储系统性能的下降，特别是在存储扩容过程中，性能下降尤为明显。Ceph 支持文件的性能相对于其他分布式存储系统，在系统部署方面略显复杂，性能也较弱，因此，Ceph 大多应用于块和对象存储服务场景。

3. Google 分布式文件系统（GFS）

GFS 是为了解决互联网中存储海量搜索数据而设计的专用文件系统。GFS 可以说是最早的推出分布式存储概念的存储系统之一，后来大部分的 Ceph 或多或少都参考了 GFS 的设计。HDFS 最早也是根据 GFS 的概念进行设计并实现的，两者之间有很多类似的地方，即同样适合大文件的读/写，不合适小文件的存储。HDFS 和 GFS 的主要区别是：HDFS 同一时间只允许一个客户端写入或追加数据。而 GFS 对数据的写入进行了一些改进，支持并发写入。这样会减少同时写入带来的数据一致性问题，在写入流程上，其架构相对比较简单，容易实现。

GFS 适合带宽需求高而数据访问延时不敏感的搜索类业务。同样不适合多用户同时写入。

4. Swift

Swift 称为对象存储，最初是由 Rackspace 公司开发的高可用分布式对象存储服务，并于 2010 年贡献给 OpenStack 开源社区作为其最初的核心子项目之一，为其 Nova 子项目提供虚机镜像存储服务。Swift 对象存储与 Ceph 提供的对象存储服务类似，用于永久类型的静态数据的长期存储,具有强大的扩展性、冗余性和持久性。主要用于解决非结构化数据存储问题。它与 Ceph 的对象存储服务的主要区别如下。

- 客户端在访问对象存储系统服务时,Swift 要求客户端必须通过访问 Swift 网关获得数据。而 Ceph 使用一个运行在每个存储节点上的 OSD(对象存储设备)获取数据信息,没有一个单独的入口点,比 Swift 更灵活。
- 在数据一致性方面,Swift 通过在软件层面引入一致性散列技术和数据冗余性,牺牲一定程度的数据一致性来达到高可用性和可伸缩性,支持多租户模式、容器和对象读/写操作,适合解决互联网应用场景下的非结构化数据存储问题。

主流的分布式存储系统的对比如表 2-2 所示。

表 2-2 主流的分布式存储系统的对比

分布式存储系统	HDFS	Ceph	GFS	Swift
起源	Hadoop 的核心子项目	最初源于圣治·韦尔就读博士期间的工作	Google 分布式存储系统	最初由 Rackspace 公司开发,2010 年贡献给 OpenStack 开源社区
是否开源	是	是	否	是
系统架构	集中式架构	去中心化	集中式架构	去中心化
数据格式	非结构化数据	非结构化数据	非结构化数据	非结构化数据
应用场景	大数据场景	实时存储系统,适合频繁读/写场景	基于 Linux 的专有大规模 Ceph,大文件读/写场景	OpenStack 对象存储场景

与分布式存储相关联的另一个概念是云存储。云存储系统因具有良好的可扩展性、容错性、透明性等特性,目前在云计算领域获得了广泛应用。云存储使用的存储系统其实多采用分布式存储架构,云存储将存储作为服务,它将分别位于网络中不同位置的大量异构的存储设备通过集群应用、网格技术和 Ceph 等集合起来协同工作,通过应用软件进行行业业务管理,并通过统一的应用接口对外提供数据存储和业务访问功能。

2.1.5 Ceph

Ceph 是加利福尼亚大学圣克鲁兹分校的圣治·韦尔博士在其博士论文中设计的新一代自由软件,并于 2007 年开始正式进入适应生产环境开发过程。Ceph 的主要目标是:基于可移植操作系统接口(Portable Operating System Interface,POSIX)设计出没有单点故障、具备数据容错和数据无缝复制能力的 Ceph。

Ceph 维持 POSIX 兼容的同时,还集成了复制、容错功能,对比传统的集中式存储系统,其具有以下优点。

(1)高性能。系统采用 CRUSH 算法替代传统的集中式存储元数据寻址的方案,使数据分布更加均衡,数据存储并行度更高;能够支持上千个存储节点的规模和支持 PB 级的数据。并且系统充分考虑容灾域的隔离,能够实现各类负载的副本放置规则。

(2)高可用性。系统使用副本技术提供数据冗余,副本数可以灵活控制,默认情况下 Ceph 的副本数是 3 个,也可根据实际情况在配置文件中更改副本的数量,来满足数据安全需求。各个副本存储按副本负载分类规则放置,实现数据故障域分隔,从而保证数据的强一致性。多副本存储方式保证在存储系统故障时,最少能有一个完整的副本能够使用。副本的存储采用分布式架构不存在单点故障问题,即系统能容隐多个故障同时存在，只要系统能保证有一个副本数据正常。当故障修复后，系统能根据完整副本自动修复故障副本。

（3）高可扩展性。分布式系统最大特点就是去中心化，各节点之间为对等关系。存储去中心化，最大的好处便是存储节点能实现灵活的横向扩展，甚至在客户端无感知的情况下增加存储节点。存储空间的增长方式也从传统的阶梯式递增转变为线性增长，并且理论上空间扩展不受限制。

Ceph 生态系统由客户端、元数据服务器集群、对象存储集群和集群监控 4 部分组成。如图 2-5 所示，元数据存储在存储集群中，元数据服务器负责管理数据的存放位置和更新数据的存储位置。客户端执行元数据操作时，必须通过元数据服务器来识别数据位置。在整个架构中，真正的文件 I/O 发生在客户端和对象存储集群之间。对于这种方式，较高级的 open、close、rename 等操作由元数据服务器集群管理，read、write 则直接由对象存储集群管理。

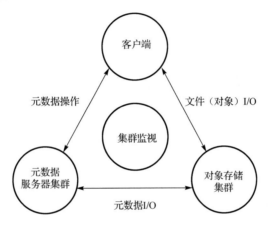

图 2-5　Ceph 生态系统概念架构

Ceph 与传统文件系统对比，智能管理分布在生态系统的各处，而并非集中于文件系统本身。图 2-6 展示了一个简单的 Ceph 生态系统。客户端是文件系统的数据使用者。元数据后台服务程序为客户端提供元数据服务，而对象存储后台服务程序提供了实际的存储（数据及元数据）。最后，Ceph 监控提供了集群的管理。

在 Ceph 中，Linux 通过虚拟文件系统交换器 （VFS）为用户提供一个通用接口访问文件系统，用户仅需通过客户端配置自己的挂载点，就可以通过此挂载点执行标准的文件存储操作，操作非常简单。普通用户不需要知道下层的元数据服务器、监控、聚合成大规模存储池的各个对象存储设备的配置，这些工作属于管理员角色范畴。

元数据服务器的重要任务是管理 Ceph 中的命名空间。文件系统的数据和元数据都存储在对象存储集群中，却是被分别管理的，这样能最大限度地提升系统可扩展性。元数据在元数据服务器的集群间被进一步分割，这些元数据服务器能够自适应地复制和散布命名空间，从而避免热点。元数据服务器管理部分命名空间，并能部分重叠。从元数据服务器到命名空间的映射，在 Ceph 中，通过动态子树分区的方式来执行，它允许 Ceph 在保留本地性能的同时可以适应变化的工作负荷。但因为每个元数据服务器就客户端的个数而言都只简单地管理命名空间，它主要的应用程序是智能元数据缓冲（因为实际的元数据最终存储在对象存储集群中）。写入的元数据被缓冲在短期的日志中，它最终会被推送到物理存储单元中。这种行为允许元数据服务器可以立即对客户端提供最新的元数据服务（这在元数据操作中很常见）。日志对故障恢复具有比较大的作用，即元数据服务器失效，它的日志将被重播，以确保元数据安全地保存到磁盘上。

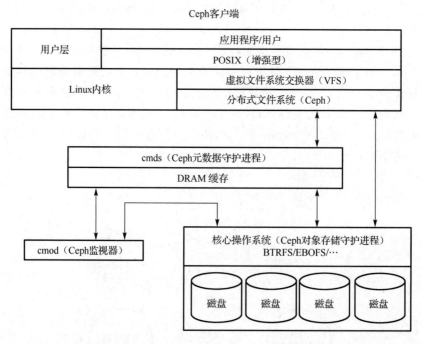

图 2-6 一个简单的 Ceph 生态系统

Ceph 打破存储对象到块的映射由客户端的文件系统层来完成这一传统，而是直接由对象存储提供，这种设计允许本地实体对如何存储对象，做出最好的选择。早期的 Ceph 使用一个在本地文件系统上的自定义的底层文件系统（EBOFS）。该系统实现了一个非标准接口的底层存储来提供对象语义和其他特征（如对磁盘提交的异步通知）。现在可以在存储节点上使用 B-tree 文件系统（BTRFS），它已经实现了一些必要的功能（如嵌入式完整性）。因为 Ceph 客户端使用 CRUSH 算法，而不知道磁盘上文件的块映射信息，所以底层的存储设备可以安全地管理从对象到块的映射。这使得当设备被发现失效后，依然能复制节点数据。失效恢复的分布式机制提升了存储系统的扩展性，因为失效检测和恢复在整个生态系统中得到了分布。

2.1.6 MinIO

1. MinIO 简介

MinIO 是一款高性能的分布式对象存储系统，兼容性高，能够轻松运行在标准硬件上（x86 架构设备上都可以运行）。与传统的存储和其他的对象存储不同，MinIO 针对性能要求更高的私有云标准进行软件架构设计。MinIO 采用简单、易用的方式对对象存储进行有针对性的设计，在实现对象存储所需要的全部功能基础上，其性能大幅度提升。它不会为实现更多的业务功能而妥协，进而放弃系统的易用性和高效性的特点，这样的坚持所带来的是能够更简单地实现对具有弹性伸缩能力的原生对象的存储服务。

MinIO 在传统对象存储用例（如辅助存储、灾难恢复和归档）方面表现出色。同时，它在机器学习、大数据、私有云、混合云等方面的存储技术上也独树一帜。当然，也不排除数据分析、高性能应用负载、原生云的支持。

2. MinIO 特性

MinIO 的企业级功能代表了对象存储空间中的标准。从 AWS S3 API 支持到 S3 Select 支持，以及擦除编码和数据安全等的实现。

（1）擦除码。MinIO 使用按对象的嵌入式擦除编码保护数据，该编码以汇编代码编写，可提供最高的性能。MinIO 使用 Reed-Solomon 代码将对象划分为 $n/2$ 个数据和 $n/2$ 个奇偶校验块，尽管可以将它们配置为任何所需的冗余级别。这意味着在 12 个驱动器设置中，将一个对象分片为 6 个数据和 6 个奇偶校验块。即使丢失了多达 5 个（$(n/2)-1$）个驱动器（无论是奇偶校验块还是数据），仍然可以从其余驱动器可靠地重建数据。MinIO 的实现可确保即使丢失或无法使用多个设备，也可以读取对象或写入新对象。最后，MinIO 的擦除代码位于对象级别，并且可以一次修复一个对象。

（2）Bitrot 保护。无声的数据损坏或 Bitrot 是磁盘驱动器面临的严重问题，导致数据在用户不知情的情况下损坏。其原因有很多种，包括驱动器老化、电流尖峰、磁盘固件错误、虚假写入、读/写方向错误、驱动程序错误、意外覆盖等，但导致的结果都是一样的——数据泄漏。

MinIO 对高速哈希算法的优化实现可确保它永远不会读取损坏的数据，它可以实时捕获和修复损坏的对象。通过在 READ 上计算哈希值，并在 WRITE 上从应用程序到整个网络再到内存/驱动器的哈希值，来确保端到端的完整性。该实现旨在提高速度，并且可以在 Intel CPU 的单个内核上实现超过 10 GB/s 的哈希运算速度。

（3）加密。加密动态数据与保护静态数据是不同的。MinIO 支持多种复杂的服务器端加密方案，以保护数据。MinIO 可确保数据的机密性、完整性和真实性，而性能开销却可以忽略不计。使用 AES-256-GCM，ChaCha20-Poly1305 和 AES-CBC 支持服务器端和客户端加密。加密的对象使用 AEAD 服务器端加密进行了防篡改。此外，MinIO 与所有常用的密钥管理解决方案（如 HashiCorp Vault）兼容并通过测试。

MinIO 使用密钥管理系统（KMS）支持 SSE-S3。若客户端请求 SSE-S3，或启用了自动加密，则 MinIO 服务器会使用唯一的对象密钥对每个对象进行加密，该对象密钥受 KMS 管理的主密钥保护。由于开销极低，因此可以为每个应用程序和实例都打开自动加密。

（4）WORM。启用 WORM 后，MinIO 会禁用所有可能会使对象数据和元数据发生变异的 API。这意味着一旦写入数据就可以防止篡改。这对于许多不同的法规要求具有实际应用。

（5）身份认证和管理。MinIO 支持身份管理中最先进的标准，并与 Open ID connect 兼容提供商及主要的外部 IDP 提供商集成。这意味着访问是集中的，密码是临时的和轮换的，而不是存储在配置文件和数据库中。此外，访问策略是细粒度的且高度可配置的，这意味着支持多租户和多实例部署变得简单。

（6）连续复制。传统复制方法的难点在于它们无法有效扩展到几百TB。话虽如此，每个用户都需要一种复制策略来支持灾难恢复，并且该策略需要跨越地域、数据中心和云。MinIO 的连续复制的目的在于大规模的跨数据中心部署。通过利用 Lambda 计算通知对象元数据，它可以高效、快速地计算增量。

Lambda 通知确保与传统的批处理模式相反，更改可以立即传播。连续复制意味着即使高动态数据集发生故障，数据丢失程度也将保持在最低水平。最后，与 MinIO 一样，连续复制是多厂商的，这意味着用户的备份位置可以从 NAS 到公共云的任何位置。

（7）全局一致性现代企业的方方面面都会涉及数据。MinIO 允许将这些各种实例组合在一起以形成统一的全局名称空间。具体来说，最多可以将 32 个 MinIO 服务器组合成一个分布式模式集，并且可以将多个分布式模式集组合成一个 MinIO 服务器联合。每个 MinIO 服务器联合都提供统一的管理员和名称空间。

MinIO 服务器联合支持无限数量的分布式模式集。这种方法的优点在于，对象存储可以为大型，地理上分散的企业可以进行大规模扩展，同时保留容纳各种应用程序（S3 Select、MinSQL、Spark、Hive、Presto、TensorFlow、H20）的能力，具有单一控制台。

（8）多云网关。所有企业都在采用多云策略，当然也包括私有云。因此，用户的裸机虚拟化容器和公有云服务（包括 Google、Microsoft 和阿里巴巴等非 S3 提供商）必需的设置完全相同。尽管现代应用程序具有高度的可移植性，但为这些应用程序提供支持的数据却并非如此。

MinIO 应对的主要挑战是：无论数据位于何处，都要使数据可用。MinIO 可以在裸机、网络连接存储和每个公共云上运行。更重要的是，MinIO 通过 Amazon S3 API 从应用程序和管理角度确保用户对数据的看法是完全相同的。

MinIO 可以使存储基础架构与 Amazon S3 兼容，并且其影响是深远的。目前，组织可以真正统一其数据基础架构，即从文件到块，所有这些数据都可以显示为可通过 Amazon S3 API 访问的对象，而无须迁移。

3. MinIO 架构

将 MinIO 设计为云原生，可以作为轻量级容器运行，由外部编排服务器（如 Kubernetes）管理。整个服务器约为 40MB 静态二进制文件，即使在高负载下也可以高效利用 CPU 和内存资源。用户可以在共享硬件上共同托管大量租户。

MinIO 在带有本地驱动器（JBOD/JBOF）的商品服务器上运行。集群中所有服务器的功能均相同（完全对称的体系结构），并且集群中没有名称节点或元数据服务器。

MinIO 将数据和元数据作为对象一起写入，从而无须使用元数据数据库。此外，MinIO 以内联、严格一致的操作执行所有功能（如擦除代码、位 rotrot 检查、加密），故 MinIO 异常灵活。

每个 MinIO 群集都是分布式 MinIO 服务器的集合，每个节点对应一个进程。MinIO 作为单个进程在用户空间中运行，并使用轻量级的协同例程来实现高并发性。将驱动器分组到擦除集（默认情况下，每组 16 个驱动器），然后使用确定性哈希算法将对象放置在这些擦除集上。

MinIO 专为大规模、多数据中心云存储服务而设计。每个租户都能运行自己的 MinIO 群集，该群集与其他租户完全隔离，从而使其他租户免受升级、更新和安全事件的所有干扰。每个租户都是通过联合跨地理区域的集群来独立扩展的。

2.2　网络资源虚拟化

2.2.1　网络功能虚拟化

1. 网络功能虚拟化的概念

云平台是指将物理硬件虚拟化形成的虚拟机平台，能够承载通信技术和信息技术应用。

网络功能虚拟化（Network Functions Virtualization，NFV）就是将传统的通信技术业务部署到云平台上，从而实现软/硬件解耦合的，如图 2-7 所示。

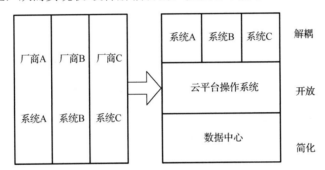

图 2-7　传统结构到 NFV 结构的转变

2. 网络功能虚拟化的组成部分。

网络功能虚拟化的 5 个重要组成部分是：VNF（虚拟化网络功能）、NFVI（网络功能虚拟化基础设施）、NFVO（网络功能虚拟化业务编排）、VNFM（虚拟化网络功能管理）及 VIM（虚拟化基础架构）。

（1）VNF：运行在虚拟化平台上的网元软件，最小部署单元是一个虚拟机。

（2）NFVI：包括虚拟机管理软件和硬件，虚拟机监视器是每个服务器上的虚拟计算、虚拟存储、虚拟网络等能力的提供者。

（3）NFVO：负责网络业务的部署，以及跨厂家、跨数据中心的全局资源管理。

（4）VNFM：负责网元生命周期管理，基本能力包括网元虚拟机的增、删、查、改。

（5）VIM：是云平台的管理，负责硬件管理、虚拟机部署、虚拟机协调和调度等。

2.2.2　网络功能虚拟化的实例及应用

1. 用户终端设备虚拟化

用户终端设备（Customer Premise Equipment，CPE）是指放置在用户端、为用户提供宽带接入服务的终端设备，包括用于提供 Internet 接入和 VoIP 等服务的驻地网关

（RGW）设备及提供多媒体服务的机顶盒（STB）设备。用户终端设备的发展趋势主要有两种模式：智能化和虚拟化。网络功能虚拟化技术的出现使得虚拟化用户终端设备的模式变为可能。之前的驻地网关和机顶盒设备功能被转移到网络侧的网络功能虚拟化云平台中，然后合并为用户终端设备虚拟化设备（vCPE）。用户终端设备虚拟化设备为固网宽带用户提供动态提速、智能家居、家庭互联网业务等多种增值业务，满足用户多样化的需求。

2. 接入设备虚拟化

对于运营商来说，接入网系统包括移网接入、固网接入、无线接入、宽带接入等类型，是网络端面向用户的最前端，也是网络中最复杂的组成部分，很大可能会成为网络瓶颈。传统的接入网系统中使用了大量的专用硬件产品，各网元互联的接口多、协议流程复杂、兼容性差，直接提高了运营商基础网络的建设成本。特别是目前接入网技术需要在远端街道或者大楼处安装有源网络设备，又必须将这些网络设备的功耗控制在一定范围内，以节省电能。采用网络功能虚拟化可以使用标准设备来代替专用硬件，将网元功能从底层的硬件中剥离出来，将复杂的处理功能放置于前端系统，实现按需弹性扩展和自动化部署。当前的接入网络设备往往由一个机构来运营，网络功能虚拟化可以实现多租户的优势，即多个机构可以共用一套接入设备。每个机构均使用分配给自己的虚拟网络设备，而不会跟其他设备发生冲突。

3. 物理网络虚拟化

物联网、大数据、云计算等领域的发展带来数据流量的快速增长，这给运营商网络带来了巨大的扩容和运维压力，更促使运营商加强流量经营和提升数据流量净收入。在电信运营商的网络环境中，移动业务、固网业务、宽带业务等，在实际运营中难免会存在业务的相互干扰和资源冲突的现象，特别是随着业务流量的增加，问题会越来越严重。基于网络功能虚拟化技术，从逻辑上构造多个资源和功能虚拟化的虚拟网络，运营商可以根据自身业务需求为不同的用户和业务构建不同的虚拟网络，从而简化网络部署和降低运维成本。同时运营商还可以保障不同虚拟网络之间资源的相互隔离。在提升用户感知的同时还能保障不同业务间的安全运营。当前全球各大运营商都在积极探索基于网络功能虚拟化技术的物理网络虚拟化技术，提出了大量数据中心组网方案并进行了技术验证，主要有跨机房的东西互通场景、同机房和跨机房的南北互通场景及虚拟机跨机房在线迁移等功能场景。虽然全球各大运营商部署方案都有所差异，但从实际结果来看，均能达到预期，网络功能虚拟化在物理网络虚拟化场景中的应用价值得到了全球各大运营商的普遍认可。

2.2.3 软件定义网络

1. 软件定义网络的定义、分类和特征

软件定义网络（Software Defined Network，SDN），其设计思想是将网络中的控制平面与数据转发平面两者进行分离，并使用集中的控制器中的软件平台来实现可编程化控制底层的硬件功能，可以实现对网络资源的按需分配。软件定义网络是网络虚拟化的一种实现方式。如果我们把已经存在的网络看成微信小程序，那么软件定义网络的目标就是实现一个网络界的微信。

在过去很长的时间里，IP 网络一直采用全分布式技术来解决不同客户多样化的需求。当前软件定义网络是为了将来可以更好更快地实现用户需求，并不是说当前有什么用户需求是传统方法不能做到，只是软件定义网络能够做得更简单、更好、更快。

软件定义网络的本质就是将网络软件化，让网络具备可编程的能力，并不具有新特性和新功能，是对现有的网络架构进行重构。软件定义网络可以比原来网络架构更简单、更好、更快地实现不同用户多样化的需求。

以斯坦福大学教授 Nike Mckewn 为首的科研团队在 2006 年提出了 OpenFlow 的理念。软件定义网络就是基于 OpenFlow 技术实现网络的可编程能力，可以让网络像普通软件一样进行编程。

根据分离的特征将软件定义网络分为两大类：控制与转发分离、管理与控制分离。

软件定义网络有三个主要特征：①转控分离。转发平面设计在网络设备上；网元的控制平面设计在控制器上，负责协议计算和产生流表。②集中控制。设备网元通过控制器进行集中管理和下发流表，不需要对网络设备进行逐一操作，只需要在控制器上进行配置。③开放接口。第三方应用可以通过控制器提供的开放接口，然后通过编程方式定义一个新的网络功能，最后在控制器上运行。

2. 传统网络的定义和架构体系

传统网络通常采用的是分布式控制架构，每台网络设备都包含独立的控制平面和数据平面，主要包括以下 5 个部分。

（1）管理平面：主要涉及管理设备（SNMP）。

（2）控制平面：实现各种路由协议（IGP、BGP）。

（3）数据平面：完成各种转发表（FIB）。

（4）运营支撑系统（OSS）：完成业务运营和管理。

（5）网络管理服务器（NMS）：完成网络的各种管理工作。

3. 软件定义网络的基本架构

软件定义网络是对传统基于分布式技术的网络架构进行的一次重构，将原来分布式控制的网络架构重构转变为集中控制的网络架构。

软件定义网络的基本架构由三层模型和两个接口组成，如图 2-8 所示。

（1）应用层。应用层主要包括用户多样化的上层应用程序——协同层应用程序，典型的应用程序包括 OpenStack、运营支撑系统（OSS）等。传统的 IP 网络和软件定义网络的基本架构都具有转发平面、控制平面和管理平面，只是传统的 IP 网络是分布式控制的，而软件定义网络的网络架构是集中控制的。

（2）控制层。控制层是整个网络的控制中心，负责整个网络内部交换路径和边界业务路由的生成，并处理网络状态发生的事件。

（3）转发层。转发层是由转发器和连接器的线路构成的基础转发网络，负责执行用户数据的转发，控制层负责生成转发过程中所需要的转发表项。

（4）北向接口。北向接口是应用层和控制层通信的接口，应用层通过控制层开放的 API 来向控制设备转发功能。

（5）南向接口。南向接口是控制层和转发层通信的接口，控制器通过 OpenFlow 或其他协议下发流表。

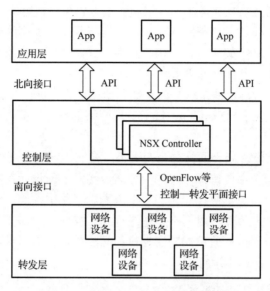

图 2-8　软件定义网络的基本架构

4. 软件定义网络的网络部署方式

（1）下层网络（Underlay）。下层网络所有的转发行为都由控制器通过 OpenFlow 协议或者定制的 BGP 协议将转发表发送给转发器，转发器负责执行动作，整个网络没有单独的控制面。

（2）上层网络（Overlay）。上层网络的转发器通常是传动设备，不支持 OpenFlow，无论基础网络还是传统网络形式，只需要在服务器接入点，利用隧道技术并使用路由协议打通各个节点和将数据报文进行封装或者解封装。

2.2.4　主流软件定义网络技术

1. BigSwitch Cloud Fabric（BCF）

BigSwitch 公司创立于 2010 年，位于美国加利福尼亚州，BCF 已经拥有很多成功的案例，主要涉及超融合基础设施、容器化工作负载、OpenStack 等。BCF 是一种经过特别设计的网络结构，支持使用物理机和虚拟机进行工作，允许自由选择上层应用软件，提供 2 层交换、3 层路由及 4～7 层服务插入与联合的功能。BigSwitch 的数据中心软件定义网络解决方案可提供网络自动化及云原生应用程序的可见性，并可以在几分钟内完成结构的升级。

2. 思科基于意图的网络

思科（Cisco）是位于美国加利福尼亚州的网络科技企业，在 2018 年投入了大量资金在基于意图的网络平台研发上，该平台目前已经拥有很多用户。思科表示基于意图的策略是使用软件自动化网络策略和管理，并且正在转向更加开放的软件定义架构。思科还开发了基于意图的网络的控制和管理平台：DNA Center，同时还在 2018 年推出了两个新的软件系统：Network Assurance Engine（NAE）和 DNA Center Assurance（DCA），以增强平台的软件定义网络的功能。

3. VMware NSX Cloud

NSX Cloud 是 VMware 公司在 2018 年推出的新的虚拟云网络，为基于 VMware 公司的私有数据中心和原生公共云中运行的应用程序提供了一致的网络和安全性，并具有 Microsoft Azure 和 AWS 的原生控件。由于跨云的不一致策略和构造，需要针对每个云的策略进行手动操作及熟练掌握不同公共云的操作工具，VMware NSX Cloud 用于解决跨云而产生的问题。

4. VMware NSX SD-WAN

VMware 公司于 2017 年年底收购了 VeloCloud，成为 NSX SD-WAN 市场的领导者。VMware 在 VeloCloud 公司的基础上，又推出了新的 NSX SD-WAN，通过对 NSX 数据中心集成提供了从数据中心到分支机构到云的可靠应用网络性能，并提供了端到端的分段。

2.2.5　Open vSwitch

Open vSwitch 是一个高质量的、多层虚拟交换机，使用开源 Apache 2.0 许可协议，由 Nicira Networks 公司开发，主要使用 C 语言实现。Open vSwitch 支持多种 Linux 虚拟化技术，如 Xen、KVM、VirtualBox 等。

Open vSwitch 在虚拟机环境下可以作为一个虚拟的交换机，支持 Xen、KVM、VirtualBox 等多种虚拟化技术。在虚拟化的环境中，Open vSwitch 主要发挥两个作用：实现虚拟机和外界网络的通信；传递虚拟机之间的流量。

Open vSwitch 主要有以下 8 个组成部分。

（1）OVS-vSwitchd。OVS-vSwitchd 是 Open vSwitch 的守护进程和核心部件，实现交换功能。它与 Linux 内核模块一起，实现基于流的交换。它与上层控制层通信使用 OpenFlow 协议；与 OVSDB-Server 通信使用 OVSDB 协议；与内核模块通过 NetLink 通信；支持多个独立的网桥；通过更改 Flow Table 实现绑定和 vLAN 功能。

（2）OVSDB-Server。OVSDB-Server 是一个轻量级的数据库服务，保存了整个 Open vSwitch 的配置信息，包括接口、交换内容、vLAN 等配置信息。OVS-vSwitchd 会根据数据库中的配置信息工作。OVSDB-Server 使用 JSON-RPC 的方式进行交换信息。

（3）OVS-DpCtl。OVS-DpCtl 是 Open vSwitch 中的一个工具，用来配置交换机内核模块，可以控制转发规则。

（4）OVS-VsCtl。OVS-VsCtl 主要用于获取或更改 OVS-vSwitchd 的配置信息，有时在操作时会更新 OVSDB-Server 中的数据库信息。

（5）OVS-AppCtl。OVS-AppCtl 主要是向 Open vSwitch 的守护进程发送命令，正常情况下很少使用。

（6）OVS-DbMonitor。OVS-DbMonitor 是一个图形化界面工具，用来显示 OVSDB-Server 中的数据信息。

（7）OVS-Controller。OVS-Controller 是一个基于 OpenFlow 协议的控制器。

（8）OVS-OfCtl。OVS-OfCtl 用来控制 Open vSwitch 作为 OpenFlow 协议交换机工作时的流表内容。

2.2.6　OpenFlow 协议

OpenFlow 是一种网络通信协议，属于数据链路层，能够控制网络上的路由器或交换器的转发平面（Forwarding Plane），从而改变网络数据包的网络路径。

OpenFlow 可以启动远程的控制器，由网络交换器来决定网络数据包要经过哪些路径后才可以通过网络交换机。OpenFlow 是软件定义网络的启动器。

OpenFlow 可以从远程控制器的数据包转送表，通过新增、修改和移除数据包控制规则与行为，来改变数据包转送的路径。OpenFlow 与访问控制表和路由协议相比较，能进行更复杂的流量管理。OpenFlow 还允许不同供应商通过一个简单的、开源的协议去远程管理网络交换机。OpenFlow 还用来描述控制器和交换机之间通信数据的格式标准，以及控制器和交换机的接口标准。

OpenFlow 协议支持三种消息类型：控制器主动发送的消息（Controller-To-Switch）、异步消息（Asynchronous）和对称消息（Symmetric），每个类型都有多个子类型。控制器主动发送的消息由控制器发起并且直接用于检测交换机的状态。异步消息由交换机发起并通常用于更新控制器的网络事件和改变交换机的状态。对称消息可以在没有请求的情况下由控制器或交换机发起。

2.2.7　DevOps

1. DevOps 的概念

DevOps 是 Development 和 Operations 的组合词，是一组过程、方法与系统的统称，用于促进开发、技术运营和质量保障部门之间的沟通、协作与整合。

DevOps 是一种重视软件开发人员和 IT 运维技术人员之间沟通合作的文化和运动。DevOps 通过自动化软件交付和架构变更的流程来使得构建、测试、发布软件能够更加快捷、频繁和可靠。DevOps 的作用是令开发、运维和质量保障可以高效协作，可以把 DevOps 看成开发、技术运营和质量保障三者的交集。DevOps 的出现是由于软件行业日益清晰地认识到：为了按时交付软件产品和服务，开发和运营工作必须要进行紧密的合作。

2. DevOps 对应用程序发布的影响

在很多企业中，应用程序发布是一项涉及多个团队、压力很大、风险很高的活动。但是在具备 DevOps 能力的企业中，应用程序发布的风险很低，主要原因如下。

（1）缩小变更范围。与传统的瀑布模式模型相比，采用敏捷开发意味着更频繁的发布、每次发布包含的变化更少。由于经常进行部署，但是每次部署都不会对生产系统造成巨大的影响，因此应用程序会以平滑的速率逐渐生长。

（2）加强应用程序发布协调。依靠发布协调人的强有力的协调活动来弥合开发与运营之间的技能鸿沟和沟通鸿沟；采用电子数据表、电话会议和企业门户等协作工具来确保所有相关人员理解变更的内容并全力合作。

（3）自动化部署。强大的自动化部署手段确保部署任务的可重复性、减少部署出错的可能性。

3. 实现 DevOps 需要的条件

（1）工具上的准备。

代码管理（SCM）：GitHub、GitLab、BitBucket 等。

构建工具：Ant、Gradle、Maven 等。

自动部署：Capistrano、CodeDeploy 等。

持续集成（CI）：Bamboo、Hudson、Jenkins 等。

配置管理：Ansible、Chef、Puppet 等。

容器：Docker、LXC 等。

编排：Kubernetes、Core、Apache Mesos 等。

服务注册与发现：Zookeeper、Etcd、Consul 等。

脚本语言：Python、Ruby、Shell 等。

日志管理：Logentries、ELK 等。

系统监控：Icinga、Graphite、Datadog 等。

性能监控：Splunk、New Relic、AppDynamics 等。

压力测试：loader.io、Ab、Blaze Meter、JMeter 等。

预警：PingDom、PagerDuty 等。

HTTP 加速器：Squid、Varnish 等。

消息总线：SQS、ActiveMQ 等。

应用服务器：JBoss、Tomcat 等。

Web 服务器：IIS、Nginx、Apache 等。

关系数据库：MySQL、Oracle、PostgreSQL 等。

非关系数据库：MongoDB、Redis 等。

项目管理（PM）：Jira、Asana、Taiga 等。

在工具的选择上，还需要结合公司实际的业务需求和技术团队而定。

（2）文化与人。DevOps 是否成功，企业内部组织是否高效协作是关键，只有开发人员和运维人员进行良好的沟通和学习，才能拥有较高的生产力，并且协作也存在于业务人员与开发人员之间。

2.3 项目实验

项目实验 2　Mininet 应用实践

1. 项目描述

（1）项目背景。Linux 虚拟机包含一个 Python 脚本，运行该脚本时，需要设置并配置网络设备。然后，用户便可以访问一台虚拟机内的终端机、交换机和路由器。这样，用户就可以模拟各种网络协议和服务，而无须配置物理设备网络。例如，在此实验中，用户将在 Mininet 拓扑中的两台主机之间使用 ping 命令，测试网络连通性。

（2）技术背景。Mininet 是由虚拟的终端节点（End-Hosts）、交换机、路由器等组成的一个网络仿真程序，通过 Mininet 可以构建网络拓扑，定义网络设备参数，使用 Mininet 内部交互命令查看、修改、测试网络配置情况。

Mininet 内部交互命令如表 2-3 所示。

表 2-3　Mininet 内部交互命令

命令	作用
mininet > help	获取帮助列表
mininet > nodes	查看 Mininet 中节点的状态
mininet > net	显示网络拓扑
mininet > dump	显示每个节点的接口设置和表示每个节点的进程的 PID
mininet > pingall	在网络中的所有主机之间执行 ping 测试
mininet > h1 ping h2	在 h1 和 h2 节点之间执行 ping 测试
mininet > h1 ifconfig	查看 host1 的 IP 等信息
mininet > xterm h1	打开 host1 的终端
mininet > exit	退出 Mininet 登录

（3）任务内容。

- 在虚拟机环境中使用 Mininet 创建拓扑。
- 添加终端主机，设置主机网络参数。
- 添加交换机端口，添加主机与交换机之间的链路。
- 测试网络连通性。

（4）所需资源。

- 虚拟机 VMware Workstation。
- Ubuntu 操作系统。

2. 项目实施

步骤 1：使用命令 mn，运行 Mininet 进程。默认进入拓扑下已经创建好的节点 h1 和 h2。

```
root@sdnhubvm:/home/ubuntu# mn
*** Creating network
*** Adding controller
*** Adding hosts:
h1 h2
*** Adding switches:
s1
*** Adding links:
(h1, s1) (h2, s1)
*** Configuring hosts
h1 h2
*** Starting controller
c0
```

```
*** Starting 1 switches
s1 ...
*** Starting CLI:
```

步骤 2：添加主机 h3，出现进程。

```
mininet> py net.addHost ('h3')
<Host h3: pid=8949>
```

步骤 3：添加主机 h3 与交换机 s1 之间的链路。

```
mininet> py net.addLink (s1,net.get ('h3'))
<mininet.link.Link object at 0x7ff7df2d2e90>
mininet> dump
<Host h1: h1-eth0:10.0.0.1 pid=8857>
<Host h2: h2-eth0:10.0.0.2 pid=8861>
<Host h3: h3-eth0:None pid=8949>
<OVSSwitch  s1:  lo:127.0.0.1,s1-eth1:None,s1-eth2:None,s1-eth3:None
pid=8870>
<Controller c0: 127.0.0.1:6653 pid=8850>
```

步骤 4：添加交换机 s1 的开放端口，设置主机 h3 的 IP 地址。

```
mininet> py s1.attach ('s1-eth3')
mininet> py net.get ('h3').cmd ('ifconfig h3-eth0 10.0.0.3')
mininet> dump
<Host h1: h1-eth0:10.0.0.1 pid=8857>
<Host h2: h2-eth0:10.0.0.2 pid=8861>
<Host h3: h3-eth0:None pid=8949>
<OVSSwitch  s1:  lo:127.0.0.1,s1-eth1:None,s1-eth2:None,s1-eth3:None
pid=8870>
<Controller c0: 127.0.0.1:6653 pid=8850>
```

步骤 5：测试主机之间的连通性。

```
mininet> h1 ping h3
PING 10.0.0.3 （10.0.0.3） 56（84) bytes of data.
64 bytes from 10.0.0.3: icmp_seq=1 ttl=64 time=1.86 ms
64 bytes from 10.0.0.3: icmp_seq=2 ttl=64 time=0.286 ms
64 bytes from 10.0.0.3: icmp_seq=4 ttl=64 time=0.062 ms
^C
--- 10.0.0.3 ping statistics ---
5 packets transmitted, 5 received, 0% packet loss, time 4000ms
rtt min/avg/max/mdev = 0.053/0.465/1.869/0.707 ms
mininet> h2 ping h3
PING 10.0.0.3 （10.0.0.3) 56（84) bytes of data.
64 bytes from 10.0.0.3: icmp_seq=1 ttl=64 time=1.63 ms
64 bytes from 10.0.0.3: icmp_seq=2 ttl=64 time=0.247 ms
```

```
64 bytes from 10.0.0.3: icmp_seq=4 ttl=64 time=0.065 ms
^C
--- 10.0.0.3 ping statistics ---
4 packets transmitted, 4 received, 0% packet loss, time 3002ms
rtt min/avg/max/mdev = 0.045/0.498/1.636/0.661 ms
mininet> pingall
*** Ping:  testing ping reachability
h1 -> h2  h3
h2 -> h1  h3
h3 -> h1  h2
*** Results:  0% dropped （6/6 received）
mininet>
```

通过 ping 命令测试主机之间的连通性，主机 h1、h2、h3 之间互通。

习 题 2

一、选择题

1. 网络功能虚拟化是将传统的 CT 业务部署到（   ）。

    A．虚拟机   B．服务器   C．云平台   D．客户端

2. 下面（   ）不是软件定义网络的特征。

    A．转控分离   B．集中控制   C．开放接口   D．虚拟化

3. 软件定义网络体系架构中负责应用层和控制层通信的接口是（   ）。

    A．北向接口   B．通信接口   C．开放接口   D．南向接口

4. OpenvSwitch 使用的开源协议是（   ）。

    A．Apache LICENSE 2.0   B．BSD   C．MIT   D．LGPL

5. Open Flow 协议是（   ）之间的标准协议。

    A．物理层和数据链路层   B．控制器和交换机

    C．网络层和传输层   D．控制器和路由器

二、问答题

1. 简述什么是网络功能虚拟化。

2. 简述网络功能虚拟化的架构中有哪些主要的组成部分。

3. 简述什么是软件定义网络。

4. 简述什么是 Open vSwitch。

5. 存储方式有哪些类型？

6. 什么是软件定义存储？

第 3 章

KVM 虚拟化技术

20 世纪 60 年代，IBM 实现了 CPU 时间切片，将一个 CPU 虚拟化或者伪装成为多个 CPU 使用。1979 年，贝尔实验室发明 ChRoot（Change Root）系统，实现了在现有的操作系统环境下，隔离出一个用来重构和测试软件的独立环境。1987 年，Insignia Solutions 公司发布了 SoftPC 模拟器，实现在 UNIX Workstations 上运行 DOS 应用。1999 年，VMware 公司推出针对 x86 平台商业虚拟化软件 VMaware Workstation。2003 年，英国剑桥大学的一位讲师发布了开源虚拟化项目 Xen，通过半虚拟化技术为 x86 与 x64 提供虚拟化支持。2006 年，Intel 和 AMD 等厂商相继将对虚拟化技术的支持加入 x86 体系结构的中央处理器中（AMD-V，Intel VT-x）。

2006 年，红帽将 Xen 作为 RHEL 的默认特性。2007 年，Xen 被 Citrix（思杰）收购。2007 年 2 月，Linux Kernel 2.6.20 将 KVM 纳入虚拟化内核模块 。2008 年 9 月 4 日，Red Hat 收购开发 KVM 的公司 Qumranet，并在 2009 年 9 月，红帽发布 RHEL 5.4，将 KVM 加了进来。2010 年 11 月，红帽发布 RHEL 6.0，完全去除 Xen 虚拟化机制，致力于发展 KVM。2018 年，IBM 正式收购红帽，实现了强强联合。

3.1 KVM 简介

KVM（Kernel-based Virtual Machine）最初是由 Qumranet 公司开发的。Qumranet 公司是一家只有 60 人的初创公司，提供虚拟桌面架构（VDI）平台、SolidICE 桌面虚拟化解决方案和独立计算环境简单协议（SPICE）。2006 年 10 月，Qumranet 公司在完成了虚拟化基本功能、动态迁移及主要的性能优化后，正式对外宣布了 KVM 的诞生。

2008 年，红帽收购 Qumranet 公司后，2011 年 5 月，IBM 和红帽，并联合惠普和 Intel 一起，成立了开放虚拟化联盟（Open Virtualization Alliance），加速 KVM 投入市场的速度，众多的科技公司投入到 KVM 的研发中。

KVM 是基于虚拟化扩展（Intel VT 或者 AMD-V）的 x86 硬件的开源的 Linux 原生的全虚拟化解决方案。在 KVM 中，虚拟机被实现为常规的 Linux 进程，由标准 Linux 调度程序进行调度；虚拟机的每个虚拟 CPU 被实现为一个常规的 Linux 进程，这使得 KMV 能够使用 Linux 内核的已有功能，但是，KVM 本身不执行任何硬件模拟，需要客户空间 QEMU 程序通过 /dev/kvm 接口设置一个客户机虚拟服务器的地址空间，并向它提供模拟的 I/O，并将它的视频显示映射回宿主显示屏。

3.2 KVM 虚拟化技术原理

3.2.1 定义

（1）虚拟化的概念。虚拟化（Virtualization）是指通过虚拟化技术将一台计算机虚拟为多台逻辑计算机。在一台计算机上同时运行多个逻辑计算机，每台逻辑计算机可运行不同的操作系统，并且应用程序都可以在相互独立的空间内运行而互不影响，从而显著提高计算机的工作效率。虚拟化使用软件的方法重新定义划分 IT 资源，可以实现 IT 资源的动态分配、灵活调度、跨域共享，提高 IT 资源利用率，使 IT 资源能够真正成为社会基础设施，服务于各行各业中灵活多变的应用需求。

在计算机中，虚拟化技术是将计算机的各种物理实体资源，如服务器、网络、内存及存储等，予以抽象、转换成逻辑资源，不受物理实体资源之间的限制，使用户可以更加灵活地使用这些资源。一般所指的虚拟化资源包括计算资源、存储资源和网络资源。在实际的生产环境中，虚拟化技术主要用来解决高性能的物理硬件产能过剩和老旧硬件产能过低的重组重用，透明化底层物理硬件，从而最大化地利用物理硬件。

虚拟化技术是一套解决方案。需要 CPU、主板芯片组、BIOS 和软件的支持，如 VMM（Virtual Machine Monitor，虚拟机监视器）软件或者某些操作系统本身。虚拟化技术在硬件 CPU 虚拟化技术支持的基础上，并在配合 VMM 的软件情况下，使用户获得充分利用硬件资源和更好的性能。两大 x86 架构的 CPU 生产厂商均发布了其虚拟化技术，即（Intel VT）虚拟化技术和（AMD VT）虚拟化技术。

（2）虚拟化技术分类。虚拟化技术主要分为以下几大类。

平台虚拟化（Platform Virtualization），针对计算机和操作系统的虚拟化。

资源虚拟化（Resource Virtualization），针对特定的系统资源的虚拟化，如内存、存储和网络资源等。

应用程序虚拟化（Application Virtualization），包括仿真、模拟、解释技术等。

通常所说的虚拟化主要是指平台虚拟化技术，通过使用控制程序（Control Program，也称为 VMM 或 Hypervisor），隐藏特定计算平台的实际物理特性，为用户提供抽象的、统一的、模拟的计算环境（称为虚拟机）。虚拟机中运行的操作系统被称为客户机操作系统（Guest OS），运行虚拟机监控器的操作系统被称为主机操作系统（Host OS），当然某些虚拟机监控器可以脱离操作系统直接运行在硬件上（如 VMware 的 ESX 产品）。运行虚拟机的真实系统称为主机系统。

平台虚拟化技术又可以细分为如下几个子类。

全虚拟化（Full Virtualization）。全虚拟化是指虚拟机模拟了完整的底层硬件，包括处理器、物理内存、时钟、外设等，使得为原始硬件设计的操作系统或其他系统软件完全不做任何修改就可以在虚拟机中运行。操作系统与真实硬件之间的交互可以看成是通过一个预先规定的硬件接口进行的。全虚拟化 VMM 以完整模拟硬件的方式提供全部接口（同时还必须模拟特权指令的执行过程）。比较著名的全虚拟化 VMM 有 Microsoft Virtual PC、VMware Workstation、Sun Virtual Box、Parallels Desktop for Mac 和 QEMU。

　　超虚拟化（Paravirtualization）。这是一种修改客户机操作系统部分访问特权状态的代码以便直接与 VMM 交互的技术。在超虚拟化虚拟机中，部分硬件接口以软件的形式提供给客户机操作系统，这可以通过 Hypercall（VMM 提供给客户机操作系统的直接调用，与系统调用类似）的方式来提供。由于不需要产生额外的异常和模拟部分硬件执行流程，超虚拟化可以大幅度提高性能，比较著名的超虚拟化 VMM 有 Denali、Xen。

　　硬件辅助虚拟化（Hardware-Assisted Virtualization）。硬件辅助虚拟化是指借助硬件的支持来实现高效的全虚拟化。Intel-VT 和 AMD-V 是目前 x86 体系结构上典型硬件辅助虚拟化技术。

　　部分虚拟化（Partial Virtualization）。VMM 只模拟部分底层硬件，因此客户机操作系统不做修改是无法在虚拟机上运行的，其他程序可能也需要进行修改。部分虚拟化是通往全虚拟化道路上的重要里程碑，最早出现在第一代的分时系统 CTSS 和 IBM M44/44X 实验性的分页系统中。

　　操作系统级虚拟化（Operating System Level Virtualization）。操作系统级虚拟化是一种在服务器操作系统中使用的轻量级的虚拟化技术，内核通过创建多个虚拟的操作系统实例（内核和库）来隔离不同的进程，不同实例中的进程完全不了解对方的存在。比较著名的操作系统级虚拟化 VMM 有 Solaris Container、FreeBSD Jail 和 OpenVZ 等。

　　这种分类并不是绝对的，一种性能好的虚拟化软件往往融合了多项技术。例如，VMware Workstation 是一种全虚拟化 VMM，但是它使用了一种被称为动态二进制翻译的技术把对特权状态的访问转换成对影子状态的操作，从而避免了低效的 Trap-And-Emulate 的处理方式，这与超虚拟化相似，只不过超虚拟化是静态地修改程序代码。对于超虚拟化而言，如果能利用硬件特性，那么虚拟机的管理将会大大简化，同时还能保持较高的性能。

3.2.2　KVM 架构

　　主机系统由硬件和软件组成，操作系统是软件系统的核心，而操作系统又分为内核空间和用户空间，我们熟知的虚拟机是在用户空间运行的，KVM 作为 Hypervisor 运行在主机操作系统内核空间，其架构如图 3-1 所示。

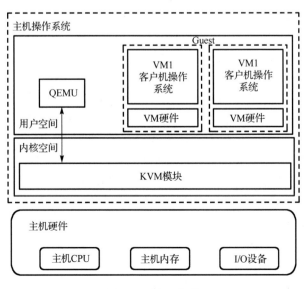

图 3-1　KVM 架构

（1）Guest：运行在主机系统的用户空间，硬件包括 CPU（vCPU）、内存、驱动（Console、网卡、I/O 设备驱动等），有自己独立的客户机操作系统（Guest OS），被 KVM 置于一种受限制的 CPU 模式下运行。

（2）KVM：运行在主机系统内核空间，提供 CPU 和内存的虚级化，以及客户机的 I/O 拦截。Guest 的 I/O 被 KVM 拦截后，交给 QEMU 处理。

（3）QEMU：修改过的为 KVM 虚拟机使用的 QEMU 代码，运行在主机系统的用户空间，提供硬件 I/O 虚拟化，通过 IOCTL /dev/kvm 设备与 KVM 交互。

3.2.3　KVM CPU 虚拟化

（1）为什么需要 CPU 虚拟化。x86 操作系统是设计在直接运行在裸硬件设备上的，因此自动认为它们完全占有计算机硬件。x86 架构提供 4 个特权级别给操作系统和应用程序来访问硬件。Ring 是指 CPU 的运行级别，分别是 Ring 0、Ring 1、Ring 2、Ring 3，Ring 0 是最高级别，Ring 3 级别最低。

操作系统（内核）需要直接访问硬件和内存，因此它的代码需要运行在最高运行级别 Ring 0 上，这样它可以使用特权指令，控制中断、修改页表、访问设备等。

应用程序的代码运行在最低级别 Ring 3 上，不能做受控操作。如果要做受控操作，如要访问磁盘、写文件，那么就要在执行系统调用（函数）时，CPU 的运行级别会发生从 Ring 3 到 Ring 0 的切换，并跳转到系统调用对应的内核代码位置执行，这样内核就为用户完成了设备访问，完成之后再从 Ring 0 返回到 Ring 3。这个过程也称作用户态和内核态的切换。

客户机操作系统和主机操作系统均有自己的内核，都需要运行在 Ring 0 上，这样就冲突了，VMM 需要解决运行冲突的问题。

（2）KVM 的 CPU 虚拟化。KVM 采用硬件辅助虚拟化。2005 年后，CPU 厂商 Intel 和 AMD 开始支持虚拟化。Intel 引入了 Intel-VT （Virtualization Technology）技术。这种 CPU 有 VMX Root operation 和 VMX Non-Root Operation 两种模式，两种模式都支持 Ring 0 ~ Ring 3 共 4 个运行级别。这样，VMM 可以运行在 VMX Root Operation 模式下，客户机操作系统运行在 VMX Non-Root Operation 模式下。

而且两种操作模式可以互相转换。运行在 VMX Root Operation 模式下的 VMM 通过显式调用 vmlaunch 或 vmresume 指令切换到 VMX Non-Root Operation 模式，硬件自动加载客户机操作系统的上下文，于是客户机操作系统获得运行，这种转换称为 VM Entry。客户机操作系统在运行过程中当遇到需要 VMM 处理的事件，如外部中断或缺页异常，或者主动调用 vmcall 指令调用 VMM 的服务时（与系统调用类似），硬件自动挂起客户机操作系统，切换到 VMX Root Operation 模式，恢复 VMM 的运行，这种转换称为 VM Exit。VMX Root Operation 模式下软件的行为与在没有 VT-x 技术的处理器上的行为基本一致；而 VMX Non-Root Operation 模式则有很大不同，最主要的区别是此时运行某些指令或遇到某些事件时，发生 VM Exit。

3.2.4　内存虚拟化

（1）为什么需要内存虚拟化。计算机的内存编址均是从地址 0 开始的，虚拟机作为主机的进程，内存编址不可能从地址 0 开始，另外，在虚拟化模式下，虚拟机处于非 Root 模式，无法直接访问 Root 模式下的主机上的内存。

这时就需要 VMM 的介入，VMM 需要截获虚拟机的内存访问指令，然后模拟主机上的内存，相当于 VMM 在虚拟机的虚拟地址空间和主机的虚拟地址空间中间增加了一层，即虚拟机的物理地址空间。

所以，内存软件虚拟化的目标就是要将虚拟机的虚拟地址（Guest Virtual Address, GVA）转化为主机的物理地址（Host Physical Address, HPA），中间要经过虚拟机的物理地址（Guest Physical Address, GPA）和主机的虚拟地址（Host Virtual Address）的转化，即 GVA -> GPA -> HVA -> HPA。

这种烦琐的地址转换，若通过软件方式则转换效率不高，于是 Intel 和 AMD 走在了最前面，Intel 采用 EPT（Extended Page Tables），AMD 采用 NPT 实现硬件辅助内存虚拟化。

（2）KVM 的内存虚拟化。图 3-2 是 EPT 基本原理图，EPT 在原有 CR3 页表地址映射的基础上，引入了 EPT 页表来实现另一层映射，这样，GVA->GPA->HPA 的两次地址转换都由硬件来完成。

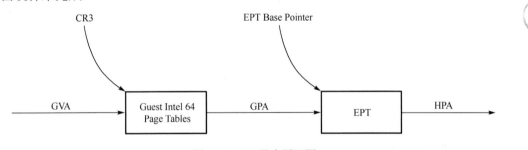

图 3-2　EPT 基本原理图

举例说明整个地址转换的过程。假设现在虚拟机中某个进程需要访问内存，CPU 首先会访问虚拟机中的 CR3 页表来完成 GVA 到 GPA 的转换，若 GPA 不为空，则 CPU 接着通过 EPT 页表来实现 GPA 到 HPA 的转换；若 HPA 为空，则 CPU 会抛出 EPT 异常由 VMM 来处理。若 GPA 地址为空，即缺页，则 CPU 产生缺页异常，交给虚拟机内核的中断处理程序处理。

在中断处理程序中会产生 EXIT_REASON_EPT_VIOLATION，虚拟机退出，VMM 截获到该异常后，分配物理地址并建立 GVA 到 HPA 的映射，并保存到 EPT 中，这样在下次访问时就可以完成从 GVA 到 HPA 的转换了。

3.2.5　KVM 的 I/O 虚拟化

从处理器的角度看，外设是通过一组 I/O 资源来进行访问的，所以设备的相关虚拟化被称为 I/O 虚拟化。可以采用软件的全虚拟化方式、半虚拟化方式和硬件辅助虚拟化方式。

（1）qemu 全虚拟化方式。当虚拟机的设备驱动发起 I/O 请求时，KVM 会捕获这次 I/O 请求，进行初步处理后将 I/O 请求放入 KVM 和 qemu 的共享内存页中，然后通知用户空间的 qemu 进程；用户空间 qemu 进程会从内核中读取这个 I/O 请求，由硬件模拟模块模拟这个 I/O 操作；qemu 的硬件模拟模块会根据 I/O 请求的不同，与不同的真实物理设备驱动进行交互，完成真正的 I/O 操作（如通过物理网卡访问外部网络），并将结果放回共享内存页中，并通知 KVM 的 I/O 处理模块；KVM 的 I/O 处理模块读取处理结果并返回给客户机设备驱动。

qemu 全虚拟化方式处理 I/O，每次 I/O 操作都要发生多次 VM、Exit、VM Enrty、上下文切换、数据复制等操作，整体性能较差。

（2）virtio 半虚拟化方式。virio 采用半虚拟化方式，也就是让虚拟机感知自己正处于虚拟化环境中，这时虚拟机可以基于 virio 标准与主机进行协作以提高 I/O 虚拟化的效率。

virtio 在部署时由前端、后端和 virt-queue 组成。virtio 架构可以分为 4 层，如图 3-3 所示，包括前端虚拟机中各种驱动程序模块，后端 Hypervisor 上的处理程序模块，中间用于前后端通信的 virtio 层和 virtio-ring 层，可以将 virtio 和 virtio-ring 看成一层，virtio 属于控制层，负责前后端之间的通知机制（kick，notify）和控制流程，而 virtio-vring 则负责具体数据流转发。

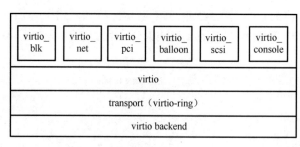

图 3-3　virtio 架构

（3）硬件辅助虚拟化方式。直接将物理设备分配给客户机操作系统，由客户机操作系统直接访问目标设备。这种情况下不存在设备模拟，硬件本身支持虚拟化，可以向不同的虚拟机提供独立的硬件支持，设备本身支持多个虚拟机同时访问。在这种方式下，客户机通过原有的驱动操作真实硬件，从性能上说是最优的，但这种方式需要比较多的硬件资源。比较典型的是 Intel VT-D 和 SR-IOV 技术。

3.3　KVM 管理工具

KVM 实现了虚拟化核心的监视工具，其在 UI 方面的管理工具多种多样。比较典型的管理工具有 virsh、virt-manager、ovirt 等。

virsh 为命令行管理工具，功能强大，能完成几乎所有虚拟机管理任务，包括在线迁移、虚拟机快照、创建和转换虚拟机磁盘文件格式等，适合以脚本的形式自动管理虚拟机。

virt-manager 以桌面应用的方式，提供了方便与性能兼具的高效率管理，virt-manager 支持多节点管理，以完全一样的方式，管理多个节点。

ovirt 则以 Web 的方式，实现大部分的管理方式，并且可以随时访问虚拟机状态，获取虚拟机监视器界面。使虚拟机的管理跨越地域的限制，在任何有网络的地方都可以管理虚拟机。

3.4 KVM 迁移和克隆

KVM 虚拟机迁移是在不同主机之间进行的，可以分为热迁移和冷迁移。

冷迁移是也称为静态迁移、常规迁移、离线迁移（Offline Migration）。就是在虚拟机关机或暂停的情况下从一台主机迁移到另一台主机。因为虚拟机的文件系统建立在虚拟机镜像上面，所以在虚拟机关机的情况下，只需要简单地迁移虚拟机镜像和相应的配置文件到另外一台主机上即可；若需要保存虚拟机迁移之前的状态，则在迁移之前将虚拟机暂停，然后复制当前状态至目的主机，最后在目的主机重建虚拟机状态，恢复执行。这种方式的迁移过程需要显式地停止虚拟机的运行。从用户角度看，有明确的一段停机时间，虚拟机上的服务不可用。这种迁移方式简单易行，适用于对服务可用性要求不严格的场合。

热迁移是动态迁移（Live Migration），也称为在线迁移（Online Migration）。就是在保证虚拟机上服务正常运行的同时，将一个虚拟机系统从一台主机移动到另一台主机的过程。该过程不会对最终用户造成明显的影响，从而使得管理员能够在不影响用户正常使用的情况下，对主机进行离线维修或者升级。与冷迁移不同的是，为了保证迁移过程中虚拟机服务的可用，迁移过程仅有非常短暂的停机时间。在迁移的前面阶段，服务在源主机的虚拟机上运行，当迁移进行到一定阶段，目的主机已经具备了运行虚拟机系统的必须资源，经过一个非常短暂的切换，源主机将控制权转移到目的主机，虚拟机系统在目的主机上继续运行。对于虚拟机服务本身而言，由于切换的时间非常短暂，用户感觉不到服务的中断，因而迁移过程对用户是透明的。动态迁移适用于对虚拟机服务可用性要求很高的场合。

虚拟机的克隆就是根据源虚拟机复制一台新的虚拟机，两台虚拟机是完全一样的。KVM 虚拟机的克隆一般采用虚拟机直接克隆或者复制配置文件与磁盘文件的方式进行克隆。

3.5 KVM 网络和存储

KVM 网络一般配置有 Bridge、NAT 模式。在 NAT 模式下，虚拟机不需要配置自己的 IP，通过主机来访问外部网络；在 Bridge 模式下，虚拟机需要配置自己的 IP，然后虚拟出一个网卡，与主机的网卡一起挂载到一个虚拟网桥上（类似于交换机）来访问外部网络，在这种模式下，虚拟机拥有独立的 IP，局域网中其他主机能直接通过 IP 与其通信。简单理解，在 NAT 模式下，虚拟机隐藏在宿主机后面了，虚拟机能通过主机访问外网，但局域网中的其他主机访问不到它，在 Bridge 模式下，虚拟机与主机一样，平等地存在，局域网其他主机可直接通过 IP 与其通信。一般创建虚拟机都是用于部署服务中的，所以都使用 Bridge 模式。

KVM 的存储选项有多种，包括虚拟磁盘文件、基于文件系统的存储和基于设备的存储。当系统创建 KVM 虚拟机时，默认使用虚拟磁盘文件作为后端存储。对于文件系统的 KVM 存储（dir、fs、netfs），在安装 KVM 宿主机时，可选文件系统为 dir（Directory）或 fs（Formatted Block Storage）作为初始 KVM 存储格式。默认选项为 dir，用户指定本地文件系统中的一个目录用于创建磁盘镜像文件。fs 选项允许用户指定某个格式化文件系统的名称，把它作为专用的磁盘镜像文件存储。两种 KVM 存储选项之间最主要的区别在于：fs 文件系统不需要挂载到某个特定的分区。对于设备的 KVM 存储（disk、iscsi、logical），共支持 4 种不同的物理存储：磁盘、iSCSI、SCSI 和 lvm 逻辑盘。磁盘方式指直接读/写硬盘设备。

3.6　KVM 优化

KVM 性能优化主要在 CPU、内存、I/O 这三方面，根据不同的场景，采取不同场景优化方向。

（1）CPU 的优化。Intel 的 CPU 运行级别，Ring 3 为用户态，Ring 0 为内核态，上下文切换，会导致性能出现问题，采用 VT-x 技术，在 CPU 硬件上实现了加速转换。另外，可以采用 CPU 缓存绑定，L1 是静态缓存，造价高，L2、L3 是动态缓存，通过脉冲的方式写入 0 和 1，造价较低。若 CPU 调度器把进程随便调度到其他 CPU 上，而不是当前 L1、L2、L3 的缓存 CPU 上，缓存就不生效了，就会产生丢失，为了减少 Cache 丢失，需要把 KVM 进程绑定到固定的 CPU 上。可以使用 taskset 命令把某一个进程绑定在某一个 CPU 上，例如：taskset-cp 125718（1 指的是 CPU1，也可以绑定到多个 CPU 上，25718 是指 pid）。CPU 绑定的优点：提高性能 20%以上；CPU 绑定的缺点：不方便迁移，灵活性差。

（2）内存优化。Intel 处理器上集成了 EPT 技术，GVA->GPA->HPA 的两次地址转换都由硬件来完成，提高了性能。采用 KSM（Kernel Samepage Merging）相同页合并（cat/sys/kernel/mm/ksm/run 命令可以查看是否开启）。内存分配的最小单位是 Page（页面），默认大小是 4KB，可以将主机内容相同的内存合并，以节省内存的使用。当 KVM 上运行许多相同系统的客户机时，客户机之间将有很多内存页是完全相同的，特别是只读的内核代码页完全可以在客户机之间共享，从而减少客户机占用的内存资源，也能同时运行更多的客户机。另外，还可以采用大页后端内存（可以用 cat/proc/meminfo 查看）。在逻辑地址向物理地址转换时，CPU保持一个翻译后备缓冲器 TLB，用来缓冲转换结果，而 TLB 容量很小，所以若 Page 很小，则 TLB 很容易就被充满，这样就容易导致 Cache 丢失；相反若 Page 变大，则 TLB 需要保存的缓存项就变少，就会减少 Cache 丢失，通过为客户端提供大页后端内存，就能减少客户机消耗的内存并提高 TLB 的命中率，从而提高 KVM 性能。还有为了防止某台虚拟机无节制地使用内存资源，导致其他虚拟机无法正常使用，需要对使用的内存进行限制（通过 virsh memtune 命令实现）。

（3）I/O 优化。在实际的生产环境中，为了防止某台虚拟机过度消耗磁盘资源而对其他的虚拟机造成影响，需要每台虚拟机对磁盘资源的消耗都是可控的，如多个虚拟机向硬盘中写数据，谁可以优先写，就可以调整 I/O 的权重，权重越高写入磁盘的优先级越高。可用 virsh blkiotune 命令查看和设置某台虚拟机的具体权重优先级。

3.7　项目实验

3.7.1　项目实验 3　安装和配置 KVM

1. 项目描述

（1）项目背景。基于业务需求、节省运营成本，某 IT 公司计划充分利用公司现有硬件资源，将自己信息系统的业务移植到虚拟机上，现在技术人员需要测试安装 KVM 虚拟化环境，并测试运行虚拟机。

（2）拓扑。采用一台已经安装好操作系统的 Ubuntu 系统，并配置好网络，能与互联网正常通信，也可以采用 VMware Workstation 上安装虚拟机实现。本实验采用 VMware Workstation 上安装 Ubuntu 20.04 系统，如图 3-4 所示。

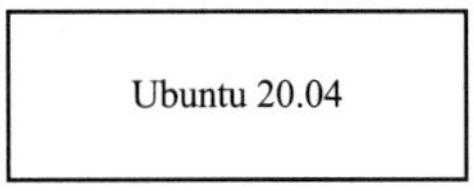

```
Ubuntu 20.04
```

图 3-4　KVM 实验部署环境

（3）主机地址分配表，如图 3-1 所示。

表 3-1　主机地址分配表

主机名称	IP 地址	子网掩码	默认网关
Ubuntu-Server 20	192.168.15.129	255.255.255.0	192.168.15.2

（4）任务内容。

第 1 部分：安装和配置 KVM 组件。

● 安装 KVM 准备工作。

● 安装 KVM 组件。

第 2 部分：安装和测试虚拟机。

● 配置 KVM 网络。

● 下载镜像。

● 安装虚拟机。

● 查看和测试虚拟机。

（5）所需资源。

● 1 台主机（安装 Ubuntu 20.04 操作系统），能与互联网通信，也可以采用虚拟机实现。

● 1 台计算机（采用 Windows 7、 Windows 10 且支持终端模拟程序，如 putty，crt 等）。

2. 项目实施

第 1 部分：安装和配置 KVM 组件。

步骤 1：安装 KVM 准备工作。

安装 KVM 工作的前提是，系统是 x86、x64 架构并且虚拟化 VT-x（对于 Intel 系列）打开。

（1）检测系统架构。

```
adminroot@ubuntu-server20:~$ uname -m
x86_64
```

（2）检查 CPU 支持硬件虚拟化，命令执行后显示数字非 0 即可。

```
adminroot@ubuntu-server20:~$ egrep -c '（vmx|svm）' /proc/cpuinfo
4
```

（3）检查支持 KVM 虚拟化。

```
adminroot@ubuntu-server20:~$ sudo kvm-ok
```

```
INFO: /dev/kvm exists
KVM acceleration can be used
```

步骤 2：安装 KVM 组件。先对源更新，然后执行安装命令。

```
adminroot@ubuntu-server20:~$ sudo apt update
adminroot@ubuntu-server20:~$ sudo apt-get install qemu-kvm libvirt-
daemon-system libvirt-clients bridge-utils virtinst
```

安装完成后进行校验，采用 virsh list --all 命令，正常执行说明安装完成。

```
adminroot@ubuntu-server20:~$ sudo virsh list --all
 Id   Name   State
--------------------
```

第 2 部分：安装和测试虚拟机。

步骤 1：配置 KVM 网络。从 Ubuntu 18.04 开始，网络配置通过命令 netplan 实现，更改配置文件 /etc/netplan/50-cloud-init.yaml。

（1）查看系统网络信息。

```
adminroot@ubuntu-server20:~$ ip a show ens32
2: ens32: <BROADCAST,MULTICAST,UP,LOWER_UP> mtu 1500 qdisc fq_codel
state UP group default qlen 1000
      link/ether 00:0c:29:0a:2a:32 brd ff:ff:ff:ff:ff:ff
      inet 192.168.15.129/24 brd 192.168.15.255 scope global ens32
        valid_lft forever preferred_lft forever
      inet6 fe80::20c:29ff:fe0a:2a32/64 scope link
        valid_lft forever preferred_lft forever
```

可以看到 ens32 的 IP 地址和 mac 地址。

（2）编辑 00-installer-config.yaml 文件。新建 br0 并与 ens32 绑定一起，并指定 IP 地址为 192.168.15.129/24，nameservers 指定为 DNS 服务器。

```
adminroot@ubuntu-server20:~$ sudo vi /etc/netplan/00-installer-config.yaml
......
bridges:
    br0:
        interfaces: [enp7s0]
        dhcp4: no
        addresses: [192.168.15.129/24]
        gateway4: 192.168.15.2
        nameservers:
            addresses: [202.96.128.166]
```

修改完后，通过 sudo netplan apply 重启网络服务生效。

（3）查看地址信息和桥接信息。通过使用命令 ip a 查看 IP 信息。

```
adminroot@ubuntu-server20:~$ ip a
......
2: ens32: <BROADCAST,MULTICAST,UP,LOWER_UP> mtu 1500 qdisc fq_codel
master br0 state UP group default qlen 1000
```

```
        link/ether 00:0c:29:0a:2a:32 brd ff:ff:ff:ff:ff:ff
        ......
    6: br0: <BROADCAST,MULTICAST,UP,LOWER_UP> mtu 1500 qdisc noqueue
state UP group default qlen 1000
        link/ether 00:0c:29:0a:2a:32 brd ff:ff:ff:ff:ff:ff
        inet 192.168.15.129/24 brd 192.168.15.255 scope global br0
        ......
```

查看桥接信息。

```
adminroot@ubuntu-server20:~$ brctl show
bridge name     bridge id           STP enabled     interfaces
br0             8000.000c290a2a32   no              ens32
```

步骤 2：下载镜像。下载一个 ubuntu 测试镜像，存放在/var/lib/libvirt/images 目录中。

```
adminroot@ubuntu-server20:~$ cd /var/lib/libvirt/images
adminroot@ubuntu-server20:/var/lib/libvirt/images$        sudo        wget
http://download.cirros-cloud.net/0.4.0/cirros-0.4.0-x86_64-disk.img
adminroot@ubuntu-server20:/var/lib/libvirt/images$ sudo ls
cirros-0.4.0-x86_64-disk.img
```

步骤 3：安装虚拟机。在/var/lib/libvirt/images 目录创建 test-vm 文件夹存放硬盘文件，将已有镜像复制为 cirros 虚拟机镜像 cirros-vm1.img 文件，生成 cirros 虚拟机 xml 配置文件。

（1）创建 test-vm 目录。

```
root@ubuntu-server20:/var/lib/libvirt/images#mkdir test-vm
```

（2）复制镜像文件。

```
root@ubuntu-server20:/var/lib/libvirt/images#cp cirros-0.4.0-x86_64-
disk.img ./test-vm/cirros-vm1.img
```

（3）生成虚拟机和配置文件。

```
root@ubuntu-server20:/var/lib/libvirt/images#        virt-install     -n
"cirros"   -r   512   --vcpus=1   --disk   path=/var/lib/libvirt/images/test-
vm/cirros-vm1.img --network bridge=br0 --import
root@ubuntu-server20:/var/lib/libvirt/images# cd /etc/libvirt/qemu/
root@ubuntu-server20:/etc/libvirt/qemu# ls
cirros.xml  networks
```

步骤 4：查看和测试虚拟机。

（1）查看虚拟机。使用 virsh list 命令查看 cirros 虚拟机。

```
root@ubuntu-server20:/etc/libvirt/qemu# virsh list
 Id   Name     State
-----------------------
  1   cirros   running
```

（2）连接虚拟机控制台。用 virsh console 连接 cirros 虚拟机控制台。

```
root@ubuntu-server20:/etc/libvirt/qemu# virsh console cirros
Connected to domain cirros
```

（3）登录 cirros 虚拟机。

```
cirros login: cirros
Password:
```

（4）查看虚拟机网络信息。查看网络信息，可以看到 cirros 虚拟机的 IP 地址是 192.168.15.130/24，查看完毕后，用组合键 "Ctrl+]" 退出 cirros 虚拟机控制台。

```
$ ip a
1: lo: <LOOPBACK,UP,LOWER_UP> mtu 65536 qdisc noqueue qlen 1
    link/loopback 00:00:00:00:00:00 brd 00:00:00:00:00:00
    inet 127.0.0.1/8 scope host lo
       valid_lft forever preferred_lft forever
    inet6 ::1/128 scope host
       valid_lft forever preferred_lft forever
2: eth0: <BROADCAST,MULTICAST,UP,LOWER_UP> mtu 1500 qdisc pfifo_fast
qlen 1000
    link/ether 52:54:00:bc:57:0e brd ff:ff:ff:ff:ff:ff
    inet 192.168.15.130/24 brd 192.168.15.255 scope global eth0
       valid_lft forever preferred_lft forever
    inet6 fe80::5054:ff:febc:570e/64 scope link
       valid_lft forever preferred_lft forever
```

（5）用终端软件连接并测试 cirros 虚拟机。查看网络信息并测试网络连通性，如图 3-5 所示。

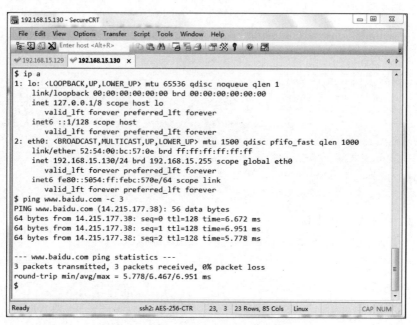

图 3-5　查看网络信息并测试网络连通性

3.7.2　项目实验 4　利用 KVM 管理工具管理实例

1．项目描述

（1）项目背景。某公司已经部署了 KVM 虚拟化平台，需要通过 KVM 管理工具启动和管理实例，测试运行环境，掌握 KVM 虚拟化平台上管理实例的基本方法。

（2）拓扑。采用一台已经安装好操作系统的 Ubuntu 系统，并配置好 KVM 虚拟化环境，也可以采用 VMware Workstation 虚拟机上部署 KVM 虚拟化平台上实现。本实验采用 VMware Workstation 上安装 Ubuntu 20.04 虚拟机实现，如图 3-6 所示。

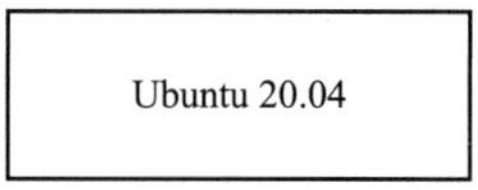

```
┌─────────────────────────┐
│       Ubuntu 20.04      │
└─────────────────────────┘
```

图 3-6　KVM 虚拟化环境

（3）主机地址分配表，如表-2 所示。

表 3-2　主机地址分配表

主机名称	IP 地址	子网掩码	默认网关
Ubuntu-Server20	192.168.15.129	255.255.255.0	192.168.15.2

（4）任务内容。

第 1 部分：虚拟机基本管理。

- 虚拟机基本管理。
- 虚拟机信息查看。
- 虚拟机快照管理。

第 2 部分：虚拟机硬件管理。

- 虚拟机网卡管理。
- 虚拟机硬盘管理。
- 虚拟机 vCPU 和内存调整

（5）所需资源。

- 1 台主机（安装 Ubuntu 20.04 操作系统），能与互联网通信，也可以采用虚机实现。
- 1 台计算机（采用 Windows 7、 Windows 10 且支持终端模拟程序，如 putty，crt 等）。

2．项目实施

第 1 部分：虚拟机基本管理。

步骤 1：虚拟机信息查看。安装 KVM 工作的前提是系统为 x86、x64 架构并且虚拟化 VT-x（对于 Intel 系列）打开。

（1）查看当前主机列表。用 virsh list 命令可以查看当前运行的虚拟机的 ID、名称和状态信息。

```
root@ubuntu-server20:~# virsh list
 Id   Name     State
-----------------------
 1    cirros   running
```

（2）查看虚拟机信息。用 virsh dominfo cirros 可以查看某台虚拟机详细信息，如 ID、名称、状态、CPU、内存等信息。

```
root@ubuntu-server20:~# virsh dominfo cirros
Id:            1
Name:          cirros
UUID:          e5421675-b279-4b78-b498-def54eeba22c
OS Type:       hvm
State:         running
CPU（s）:        1
CPU time:      48.2s
Max memory:    524288 KiB
Used memory:   524288 KiB
Persistent:    yes
Autostart:     disable
Managed save:  no
Security model: apparmor
Security DOI:  0
Security      label:       libvirt-e5421675-b279-4b78-b498-def54eeba22c
(enforcing)
```

（3）查看虚拟机磁盘信息。

```
root@ubuntu-server20:~# virsh domblklist cirros
 Target    Source
----------------------------------------------------------------
 hda       /var/lib/libvirt/images/test-vm/cirros-vm1.img
```

had 是虚拟机磁盘的设备名称，/var/lib/libvirt/images/test-vm/cirros-vm1.img 是磁盘文件路径。

（4）查看虚拟网卡信息。显示宿主机接口信息。

```
root@ubuntu-server20:~# virsh iface-list --all
 Name      State      MAC Address
------------------------------------------------
 br0       active     00:0c:29:0a:2a:32
 ens35     inactive   00:0c:29:0a:2a:3c
 lo        inactive   00:00:00:00:00:00
 virbr0    inactive   52:54:00:54:2a:2e
```

显示虚拟机接口信息。

```
root@ubuntu-server20:~# virsh domiflist cirros
 Interface  Type    Source   Model   MAC
-------------------------------------------------------
 vnet0      bridge  br0      e1000   52:54:00:bc:57:0e
```

Vnet0 是虚拟机网卡接口，该接口通过桥接模式挂接在 br0 上，可以认为 br0 是虚拟交换机，可以连接多台计算机。

（5）查看网络信息。通过查看网络列表，进一步可以查看网络详细信息。

```
root@ubuntu-server20:~# virsh net-list
 Name      State    Autostart   Persistent
----------------------------------------------
 default   active   yes         yes
root@ubuntu-server20:~# virsh net-info default
Name:          default
UUID:          4aec3105-2338-4278-a695-677f436cccfb
Active:        yes
Persistent:    yes
Autostart:     yes
Bridge:        virbr0
```

（6）查看虚拟机 CPU 绑定信息。用 virsh vcpuinfo 命令可以查看的绑定关系，下面命令说明 vCPU0 和物理 CPU3 绑定。

```
root@ubuntu-server20:~# virsh vcpuinfo cirros
VCPU:          0
CPU:           3
State:         running
CPU time:      39.1s
CPU Affinity:  yyyy
```

步骤 2：虚拟机基本管理。

（1）挂起和恢复虚拟机。先用命令 virsh domstate 查看虚拟机的状态，处于运行状态，然后执行挂起操作，可以发现虚拟机被挂起，然后恢复虚拟机，虚拟机又处于运行状态。

```
root@ubuntu-server20:~# virsh  domstate cirros
running
root@ubuntu-server20:~# virsh suspend cirros
Domain cirros suspended
root@ubuntu-server20:~# virsh  domstate cirros
paused
root@ubuntu-server20:~# virsh resume cirros
Domain cirros resumed
root@ubuntu-server20:~# virsh  domstate cirros
running
```

（2）关闭和启动虚拟机。先用命令 virsh domstate 查看虚拟机的状态，处于运行状态，然后执行关闭操作，可以发现虚拟机被关机，然后启动虚拟机，虚拟机又处于运行状态。

```
root@ubuntu-server20:~# virsh  domstate cirros
running
root@ubuntu-server20:~# virsh  shutdown cirros
Domain cirros is being shutdown
root@ubuntu-server20:~# virsh  domstate cirros
shut off
root@ubuntu-server20:~# virsh  start cirros
```

57

```
Domain cirros started
root@ubuntu-server20:~# virsh domstate cirros
running
```

（3）设置自动启动虚拟机。可以使用以下命令将虚拟机设置在宿主机启动时自动启动。

```
root@ubuntu-server20:~# virsh autostart cirros
Domain cirros marked as autostarted
```

（4）创建快照和恢复虚拟机。下面操作过程首先查看虚拟机列表，然后用 snapshot-create-asing 命令将 cirros 虚拟机创建快照为 cirros_bak，用 snapshot-list 命令查看快照列表，最后用 snapshot-revert 命令还原快照。

```
root@ubuntu-server20:~# virsh list
 Id  Name    State
-----------------------
 2   cirros   running
root@ubuntu-server20:~# virsh snapshot-create-as cirros cirros_bak
Domain snapshot cirros_bak created
root@ubuntu-server20:~# virsh snapshot-list cirros
 Name          Creation Time             State
----------------------------------------------------------
 cirros_bak   2021-05-12 13:26:59 +0000   running
root@ubuntu-server20:~# virsh snapshot-revert cirros cirros_bak
```

第 2 部分：虚拟机硬件管理。

步骤 1：虚拟机网卡管理。用 attach-interface 命令添加一块网卡，绑定在 virbr0 上，然后用 domiflist cirros 命令可以看到添加后的结果。

```
root@ubuntu-server20:~# virsh attach-interface cirros --type bridge
--source virbr0 --live --config
Interface attached successfully
root@ubuntu-server20:~# virsh domiflist cirros
 Interface   Type     Source   Model    MAC
----------------------------------------------------------------
 vnet0       bridge   br0      e1000    52:54:00:bc:57:0e
 vnet1       bridge   virbr0   rtl8139  52:54:00:6b:05:80
```

步骤 2：虚拟机硬盘管理。下面用 qemu-img 命令创建磁盘文件，然后通过 attach-disk 命令挂载到虚拟机上，用 domblklist 命令查看，可以看到新增加的硬盘 vdb。

```
root@ubuntu-server20:~# qemu-img create -f qcow2 /var/lib/libvirt/
images/test-vm/share-device.qcow2 -o size=1G,preallocation=metadata
Formatting    '/var/lib/libvirt/images/test-vm/share-device.qcow2',
fmt=qcow2 size=1073741824 cluster_size=65536 preallocation=metadata lazy_refcounts=
off refcount_bits=16
root@ubuntu-server20:~#         virsh       attach-disk       cirros
/var/lib/libvirt/images/test-vm/share-device.qcow2 vdb --live --config
Disk attached successfully
root@ubuntu-server20:~# virsh domblklist cirros
```

```
Target    Source
----------------------------------------------------------------
hda       /var/lib/libvirt/images/test-vm/cirros-vm1.img
vdb       /var/lib/libvirt/images/test-vm/share-device.qcow2
```

步骤 3：虚拟机 vCPU 和内存调整。

（1）设置虚拟机 vCPU 数量。首先将虚拟机关机，然后设置虚拟机 vCPU 数量的最大值，再开启虚拟机，设置 vCPU 数量为 2，再用 vcpucount 命令查看 vCPU 数量已经更改。

```
root@ubuntu-server20:~# virsh shutdown cirros
Domain cirros is being shutdown
root@ubuntu-server20:~# virsh setvcpus cirros --maximum 4 --config
root@ubuntu-server20:~# virsh start cirros
Domain cirros started
root@ubuntu-server20:~# virsh setvcpus cirros 2
root@ubuntu-server20:~# virsh vcpucount cirros
maximum    config         4
maximum    live           4
current    config         1
current    live           2
```

（2）虚拟机内存调整。首先将虚拟机关机，然后设置虚拟机内存最大值，再开启虚拟机，设置虚拟机内存数量为 1，再用 dominfo 命令查看内存数量已经更改。

```
root@ubuntu-server20:~# virsh shutdown cirros
Domain cirros is being shutdown
root@ubuntu-server20:~# virsh setmaxmem cirros 2G --config
root@ubuntu-server20:~# virsh start cirros
Domain cirros started
root@ubuntu-server20:~# virsh setmem cirros 1G --config --live
root@ubuntu-server20:~# virsh dominfo cirros
Id:              4
Name:            cirros
UUID:            e5421675-b279-4b78-b498-def54eeba22c
OS Type:         hvm
State:           running
CPU(s):          1
CPU time:        44.4s
Max memory:      2097152 KiB
Used memory:     1048576 KiB
Persistent:      yes
Autostart:       enable
Managed save:    no
Security model:  apparmor
Security DOI:    0
Security label:  libvirt-e5421675-b279-4b78-b498-def54eeba22c (enforcing)
```

3. 分析与思考

（1）当前开源的 KVM 虚拟化技术成为各大厂商选择，Intel 和 AMD 在硬件方面积极研究硬件虚拟化方案。目前，Intel 的 VT-x、VT-d、VT-c 虚拟化技术及 DPDK 数据平面开发工具集被广泛应用，大大提升了数据处理效率。

（2）在 KVM 虚拟化中，libvirt 是目前使用最广泛的对 KVM 虚拟机进行管理的工具和应用程序接口，virsh、virt-install、virt-manager 是常用的虚拟机管理工具。virsh 是用于管理虚拟化环境中的客户机和 Hypervisor 的命令行工具，是完全在命令行文本模式下运行的用户态工具，它是系统管理员通过脚本程序实现虚拟化自动部署和管理的理想工具之一。Virt-Manager 是虚拟机管理器这个应用程序的缩写，也是管理工具的软件包名称，Virt-Manager 是用于管理虚拟机的图形化的桌面用户接口。

（3）本实验中采用的方式只是实现方式中的其中一种，实现方试有多种，读者可以参考相关书籍学习。

习 题 3

60

一、单项选择题

1. 下来虚拟化产品中属于半虚拟化的是（ ）。

    A. VMware   B. OpenStack   C. Xen   D. KVM

2. 云计算的基石是（ ）。

    A. 虚拟化   B. 大数据   C. 互联网+   D. 信息安全

3. VMware 基于（ ）的全虚拟化。

    A. 陷入在模拟   B. 二进制转换   C. 分页机制   D. 影子页表

4. 在 CPU 虚拟化中有具有代表性的 Intel 和 AMD，下列查看 CPU 信息属于 Intel 的是（ ）。

    A. SVM   B. VMX   C. VMM   D. QEMU

5. 在 x86 平台架构上，CPU 的特权等级一共分为（ ）级。

    A. 1   B. 2   C. 3   D. 4

6. virbr0 默认分配的 IP 地址是（ ）。

    A. 192.168.122.1   B. 192.168.123.1   C. 192.168.222.1   D. 192.168.223.1

7. 以下 virsh 命令用于获取当前节点上所有域列表的是（ ）。

    A. virsh list --all   B. virsh net-list   C. virsh iface-list   D. virsh pool-list

8. 下列不属于虚拟机管理工具的是（ ）。

    A. virsh   B. virt-driver   C. OpenStack   D. virt-manager

9. KVM 的内存虚拟化实现 GVA->GPA->HPA 地址转换，其中 HPA 的含义是（ ）。

    A. 客户机的虚拟地址   B. 客户机的物理地址

    C. 宿主机的虚拟地址   D. 宿主机的物理地址

10. Intel 引入了 Intel-VT 技术，这种 CPU 有 VMX Root Operation 和 VMX Non-Root Operation 两种模式，下面描述正确的是（ ）。

    A. 客户机运行在 VMX Root Operation 模式

  B．客户机运行在 VMX Non-Root Operation 模式

  C．宿主机运行在 VMX Non-Root Operation 模式

  D．以上描述均错误

11．下面对虚拟化描述正确的是（　　）。

  A．KVM 实现了 CPU、内存、I/O 的虚拟化　 B．KVM 只实现了 CPU、内存的虚拟化

  C．QEMU 实现的是半虚拟化　 D．XEN 实现的是全虚拟化

12．对命令 virsh setvcpus cirros 2 的描述正确的是（　　）。

  A．设置虚拟机 cirros 硬盘数量　 B．设置虚拟机 cirros 内存数量

  C．设置虚拟机 cirros vCPU 数量　 D．设置虚拟机 cirros 副本数量

13．对命令 virsh dominfo cirros 的描述不正确的是（　　）。

  A．可以查看虚拟机 cirros 名称　 B．可以查看虚拟机 cirros 的 ID

  C．可以查看虚拟机 cirros vCPU 数量　 D．可以查看虚拟机 cirros 副本数量

14．对 KVM 纳入 Linux 虚拟化内核模块年代描述正确的是（　　）。

  A．2007 年　 B．2008 年　 C．2009 年　 D．2010 年

15．下列关于 KSM 说法错误的是（　　）。

  A．允许内核在两个或多个进程之间共享完全相同的内存页

  B．可实现多个客户机之间的相同内存合并

  C．KSM 对 KVM 宿主机中的内存使用有较大的效率和性能的提高

  D．KSM 不支持内存过载使用

二、简答题

1．简述什么是虚拟化。

2．简述虚拟化技术的分类。

3．简述 x86CPU 运行的 4 个级别。

4．简述 Intel-VT 技术实现方法。

5．简述 virtio 工作模式。

6．简述 KVM 管理工具有哪些。

7．简述 KVM 迁移和克隆的区别。

8．简单 KVM 支持的存储方式。

9．简述 CPU 缓存绑定的优势。

10．简述 QEMU 的功能。

第 4 章

VMware 虚拟化技术

VMware vSphere 作为目前业界领先且最可靠的虚拟化平台，在企业中有着极为广泛的应用。本章将主要介绍虚拟化平台 VMware vSphere 和 VMware ESXi 的相关知识。

4.1 VMware vSphere

4.1.1 VMware vSphere 虚拟化架构

VMware vSphere 是 VMware 的虚拟化平台，能够将数据中心转换为包含 CPU、存储、网络资源的综合计算基础设施。VMware vSphere 将这些基础设施作为统一的运行环境进行管理，提供管理嵌入该环境中的数据中心的工具。VMware vSphere 的两个核心组件包括 ESXi 和 vCenter Server。ESXi 用于创建虚拟化和运行虚拟化。vCenter Server 在虚拟化中起到管理员的作用，管理 ESXi 主机。VMware vSphere 架构图如图 4-1 所示。

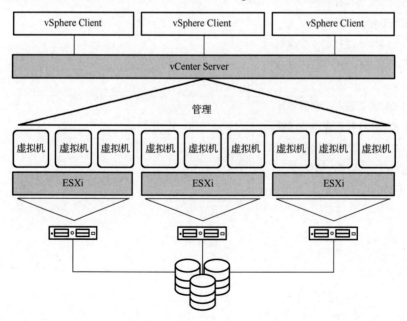

图 4-1　VWware vSphere 架构图

4.1.2　VMware vSphere 平台系统架构

　　VMware vSphere 平台系统架构包括 3 层：虚拟化层、管理层、接口层。这 3 层构建了 VMware vSphere 平台的整体结构，如图 4-2 所示。

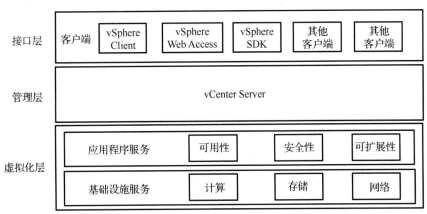

图 4-2　VMware vSphere 平台系统架构

　　（1）虚拟化层。虚拟化层包括基础设施服务和应用服务。基础设施服务是用于抽象地、聚合地分配硬件或基础设施资源的服务组。

　　基础设施服务包括以下 3 种类型。

　　① 计算服务：包括从完全不同的服务器资源虚拟化的 VMware 功能。计算服务可以从多个离散服务器集中资源，并分配给应用程序。

　　② 存储服务：在虚拟环境中，有效地利用和管理存储的技术组。

　　③ 网络服务：在虚拟环境中，简化和增强网络技术集合。

　　④ 应用服务是用于确保应用的可用性、安全性和可扩展性的服务组。

　　（2）管理层。VMware vCenter Server 向数据中心提供单一的控制点。该层可以提供基本的数据中心服务。例如，访问控制、性能监视和配置功能。

　　（3）接口层。用户可以通过 vSphere Client 或 Web 浏览器等客户端访问 VMware vSphere 数据中心。

4.1.3　VMware vSphere 数据中心的物理拓扑

　　典型的 VMware vSphere 数据中心由基本物理构建块组成。图 4-3 展示了 VMware vSphere 数据中心的物理拓扑。

　　VMware vSphere 数据中心物理拓扑包括下列组件。

　　（1）计算服务器：在主机上运行 ESX/ESXi 的行业标准 x86 服务器。ESX/ESXi 软件向虚拟机提供资源，并运行虚拟机。计算服务器在虚拟环境中被称为独立主机。可以将许多配置相似的 x86 服务器组合起来连接到相同的网络和存储子系统以提供虚拟环境中的资源集合。

　　（2）存储网络和阵列：光纤信道 SAN 阵列、iSCSI SAN 阵列、NAS 阵列是广泛应用的存储技术，VMware vSphere 支持这些技术以满足不同数据中心的存储需求。存储阵列经由存储区域网络连接到服务器组,并在服务器组之间共享。该配置使得数据中心能够编译存储资源,并且当在虚拟机中包括这些资源时,能够实现更灵活的资源存储。

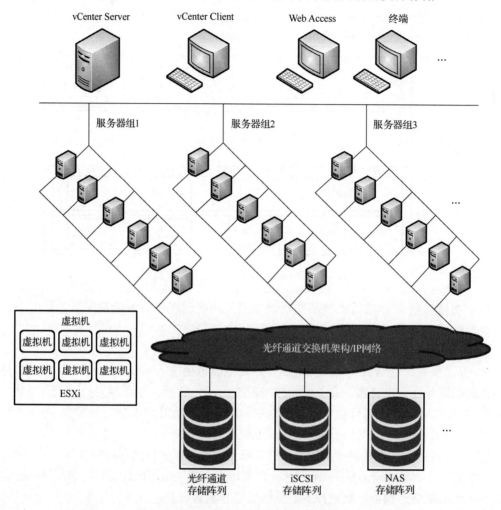

图 4-3　VMware vSphere 数据中心的物理拓扑

（3）IP 网络:每个计算服务器都有多个网卡,为 VMware vSphere 数据中心提供高带宽和可靠的网络连接。

（4）vCenter Server:整合各台计算服务器的资源,在中心整体的虚拟机之间共享这些资源。其原理是根据系统管理员设定的策略,管理从虚拟机到计算服务器的分配,并对预定计算服务器内的虚拟机进行资源的分配。

当无法访问 vCenter Server 时,计算服务器还可以继续工作。服务器继续单独管理,并根据最后设置的资源分配继续执行分配给它们的虚拟机。当 vCenter Server 的连接恢复后,可以重新管理整个数据中心。

（5）管理客户端:VMware vSphere 为数据中心管理和虚拟机访问提供多种接口。这些接口包括 VMware vSphere Client、Web Access、vSphere 命令行接口或 vSphere Management Assistant。

4.1.4　VMware vSphere 的主要功能

（1）VMware vSphere Client：可以从任意的 Windows 计算机远程连接到 vCenter Server 或 ESXi 的接口。

（2）VMware vSphere Web Client：允许用户通过 Web 浏览器访问 vCenter Server 或 ESXi 的接口。

（3）VMware vSphere SDK：向第三方解决方案提供标准的接口。

（4）vSphere 虚拟机文件系统（VMFS）：ESXi 虚拟机的高性能簇文件系统。

（5）vSphere Virtual SMP：单个虚拟机可以同时使用多个物理处理器。

（6）vSphere vMotion：将虚拟机从物理服务器移动到其他物理服务器，同时保持零停止时间、连续的服务可用性和事务处理的完整性。

（7）vSphere Storage vMotion：可以将数据存储移动到其他数据存储点。

vSphere High Availability（HA）：高利用性，当服务器发生故障时，在拥有其他空余容量的可利用服务器上，虚拟机会将重新启动。

（8）Resource Scheduler（DRS）：可以为虚拟机收集硬件资源，并动态分配、平衡计算容量。

（9）vSphere 存储 DRS：在数据存储集合之间动态分配，平衡存储容量和 I/O。

4.2　VMware ESXi

4.2.1　VMware ESXi 简介

VMware ESXi 是创建和运行虚拟机的虚拟化平台。用户可以通过 VMware ESXi 执行虚拟机、安装操作系统、执行应用程序、构成虚拟机。VMware ESXi 与 VMware Workstation 和 VMware Server 相同，都是虚拟机软件，VMware ESXi 简化了虚拟机软件和物理主机之间的操作系统层，直接在裸机上操作，其虚拟化管理层更加精炼，性能更好，效率更高。

VMware ESXi 也被称为 VMware vSphere Hypervisor。VMware ESXi 作为免费软件已经被发售了，但是 VMware 把 VMware ESXi 分成了几个版本。只有 VMware ESXi Free 版是免费的版本。现在，VMware ESXi Free 版正式改名为 VMware vSphere Hypervisor。VMware ESXi 不是免费软件，但是在 VMware 官方网站上的"VMware vSphere 评价中心"登记账户，可以下载 60 天的评价版本 VMware vSphere Hypervisor（ESXi ISO）Image（Include VMware Tools）。

4.2.2　VMware ESXi 的七大重要功能

在 VMware ESXi 5.0 中，VMware ESXi 包括镜像生成器、面向服务的无状态防火墙、增强的 SNMP 支持、安全系统日志、自动部署（VMware vSphere Auto Deploy）、扩展增强型 esxcli 框架及新一代虚拟机硬件在内的 7 个重要扩展。

（1）镜像生成器。这是一个新的命令行工具。管理员可以创建自定义 ESXi 镜像，包括专门针对硬件的第三方组件，如驱动程序和 CIM 所提供的程序。由镜像生成器创建的镜像用于各种类型的展开。

（2）面向服务的无状态防火墙。vSphere 5.0 可以使用无状态防火墙保护 ESXi 5.0 管理接口，使用 vSphere Client 或 esxcli 接口命令行来配置 ESXi 5.0 防火墙。新的防火墙引擎可以通过 IP 地址或子网来限制对特定服务的访问，并且不需要使用 iptable 和规则集来为每个服务定义端口，规则集对于需要网络接入的第三方组件特别有用。

（3）增强的 SNMP 支持。ESXi 5.0 可以扩展 SNMP v.2 并且可以全面监视主机上的所有硬件。

（4）安全系统日志。ESXi 5.0 在系统消息记录中提供一些增强功能。所有的日志信息都由 syslog 生成，能够使用 SSL 或 TCP 连接将日志信息保存在本地或远程日志服务器中。可以通过 esxcli 或 vSphere Client 设定日志信息，为了管理查询，可以更方便地将不同源的日志信息添加到不同的日志中。

（5）自动部署。VMware vSphere Auto Deploy（简称 Auto Deploy）组合了主机的配置文件、镜像生成器、PXE 的功能特性，大大简化了 ESXi 的管理和数百台服务器的升级。ESXi 主机镜像集中保存在自动部署库中，可以根据用户定义的规则自动配置新主机，重建服务器与重新启动一样简单。为了在不同版本的 ESXi 之间移动，使用 Auto Deploy Power CLI 更新规则，然后进行从属性检查，只需进行相关修复操作即可实现。

（6）扩展增强型 esxcli 框架。新的增强型 esxcli 框架提供了一组丰富的、可扩展的命令，包括有助于排除和维护主机故障的指令。增强型 esxcli 框架采用与其他管理框架（例如，vCenter Server 和 Power CLI）相同的方法，并统一进行身份认证、角色审计。因此，用户可以通过 vSphere CLI 远程地使用 esxcli 帧，并且可以在本地使用 ESXi Shell。

（7）新一代虚拟机硬件。ESXi 5.0 引入新一代虚拟机硬件版本，将 ESXi 4.1 的虚拟机版本 7 升级为版本 8，将相关虚拟机硬件标准升级为 32 个虚拟 CPU、1TB 内存、可执行的 Windows Aero 的非硬件加速 3D 图形卡支持 USB 3.0 和 UEFI 虚拟BIOS 等。

4.2.3　VMware ESXi 的安装方式

在服务器上安装 VMware ESXi 主机，VMware vSphere 提供了一些安装方法，包括交互式、脚本、Auto Deploy 和 PowerShell "镜像生成器" 命令集等。

交互式安装提供了传统的第一人称设置指南。交互式安装程序从网络、CD/DVD、可引导的 USB 设备导出 ESXi 安装程序，或通过 PXE 从网络引导安装程序。通过提示信息，与 IT 技术人员交互。安装程序创建分区并格式化，安装 ESXi 引导镜像。该方法通常需要占用 IT 从业人员的很多时间和注意力，所以最适合一次安装或只有几个系统的小规模配置。

脚本安装使用预定义的配置列表。只要脚本和安装程序可以通过磁盘、网络、CD/DVD、USB 或其他适合的媒体访问，就可以不用人为介入而大批量安装。但是，如果使用相同的脚本，那么安装的系统将完全相同。因此，脚本通常适于展开具有相同设置的多台 ESXi 主机。

Auto Deploy 与脚本类似，提供了一种技术人员能够明确定义数百台物理主机的 ESXi

配置和配置文件的指南。Auto Deploy 主要是网络引导工具，内容由 Auto Deploy 服务器提供。

通过 PowerShell "镜像构建器" 命令集中自定义 ESXi 进行安装。大多数情况下，命令行选项用于创建 ESXi 镜像升级或补丁。进行日常维护。通过将新的镜像写入 DVD 中进行分发、配置，或者有像 Auto Deploy 那样的自动分发机制。

4.3　ESXi 虚拟机管理

4.3.1　在 ESXi 上创建第一台虚拟机

从 ESXi 6.0 版本以后，就开始通过 Web 浏览器的形式来管理。因此现在只需要一个浏览器，直接登录 ESXi 的 Web 界面即可。在浏览器中输入 ESXi 的管理地址，如 192.168.32.128。

输入 IP 地址后，按下回车键，就自动跳转到 ESXi 的管理界面，如图 4-4 所示，然后输入账号、密码登录。

图 4-4　ESXi 的管理

（1）在打开的 VMware ESXi 界面中单击 "创建/注册虚拟机" 按钮，启动 "新建虚拟机" 对话框，在选择创建类中里选择 "创建新虚拟机" 选项，然后单击 "下一页" 按钮，如图 4-5 所示。

（2）在 "选择名称和客户机操作系统" 对话框中填写虚拟机的名称和客户机操作系统的信息，由于客户机操作系统是 Windows 系统，因此 "客户机操作系统系列" 选项选择 Windows，"客户机操作系统版本" 选项选择 Microsoft Windows 10（64 位），如图 4-6 所示。

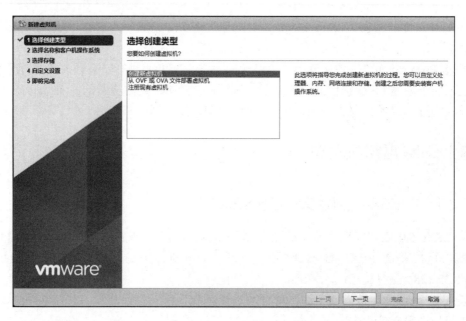

图 4-5 "新建虚拟机"对话框

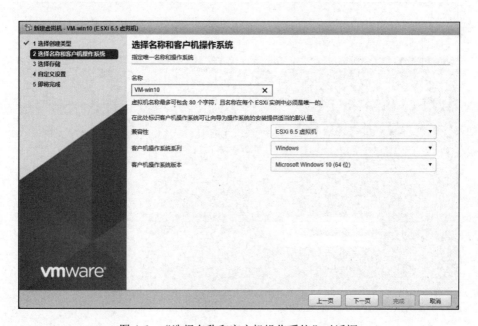

图 4-6 "选择名称和客户机操作系统"对话框

（3）单击"下一页"按钮进入"选择存储"对话框，相关设置如图 4-7 所示。这里的数据存储区或数据存储集群用于存储虚拟机配置文件和所有虚拟磁盘。

（4）单击"下一页"按钮进入"自定义设置"对话框，进行虚拟硬件设置，相关设置如图4-8所示。

（5）单击"虚拟机选项"按钮，切换到如图 4-9 所示的界面。查看和修改虚拟机选项。虚拟机选项决定了虚拟机的设备和行为，如电源管理、引导选项。这里保持默认设置，以后可根据需要进行修改。

图 4-7　"选择存储"对话框

图 4-8　"自定义设置"对话框

图 4-9　"虚拟机选项"设置界面

（6）单击"下一步"按钮进入"即将完成"界面，列出虚拟机上述配置选项，确认后单击"完成"按钮。

新创建的虚拟机将出现在虚拟机列表中，如图 4-10 中的 VM-win10

图 4-10　虚拟机配置信息

4.3.2　在 ESXi 上安装操作系统

打开 VMware ESXi 界面，在左侧列表中单击"存储"选项，在右侧窗口中选择"数据存储"选项卡，在显示的列表中右击"datastore1"选项，选择"浏览"命令，如图 4-11 所示。

这里以安装 Windows 7 系统为例，需要提前准备该系统安装所用的 ISO 映像文件。

图 4-11　选择 ISO 存储

在"数据存储浏览器"界面中，单击"创建目录"新建一个文件夹，将其命名为 ISO，然后单击"上载"按钮，上传操作系统的安装文件，如图 4-12 所示。

　　设置完成后，返回到 VMware ESXi 主界面，在窗口中单击"控制台"选项卡，然后选择"打开浏览器控制台"选项。进入系统安装界面，如图 4-13、图 4-14 所示，根据提示在虚拟机控制台中完成安装。

图 4-12　"数据存储浏览器"界面

图 4-13　启动控制台

图 4-14　"安装 Windows"窗口

4.4 VMware vSphere 存储管理

4.4.1 通过 iSCSI 挂载共享存储

1. 概述

VMware vSphere 可以对磁盘卷和文件系统进行虚拟化，因此在管理和配置存储时，无须考虑数据的物理存储位置。

2. 通过 iSCSI 挂载共享存储的步骤

（1）选择一台虚拟机，配置虚拟机，添加一块新的硬盘，如图 4-15 所示。

图 4-15　添加一块新的硬盘

（2）设置磁盘的大小，并将"磁盘置备"设置为"厚置备，置零"，将磁盘模式设置为"独立-持久"，如图 4-16 所示。

（3）单击"保存"按钮。然后会在"近期任务"栏中看到"成功完成"的信息。

4.4.2 通过 NFS 挂载共享存储

通过 NFS 挂载共享存储的具体步骤如下。

（1）单击"配置"选项卡中的"硬件"选项组中的"存储器"选项，在"数据存储"区域中选择"新建数据存储"选项。

（2）在弹出的"选择创建类型"对话框中，选择"挂载 NFS 数据存储"选项。

（3）提供 NFS 详细信息、名称和 NFS 网络系统文件的服务器地址等。

（4）单击"完成"按钮，NFS 挂载完成。

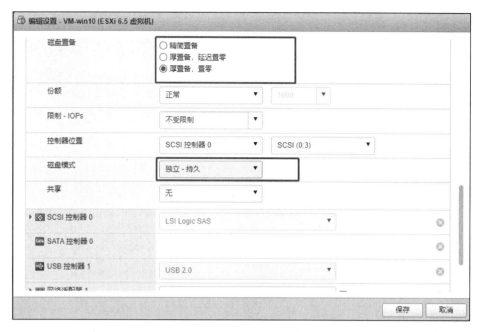

图 4-16　设置磁盘参数

4.5　VMware vSphere 网络管理

在 VMware vSphere 虚拟化环境中，网络是重要的基础设施之一。与 VMware Workstation 相比，VMware vSphere 具有强大的网络功能，配置和管理也要更复杂。VMware ESXi 主机与虚拟机之间，虚拟机与物理网络之间的通信都需要虚拟网络支持。VMware vSphere 网络的主要功能有两个：一是将虚拟机连接到物理网络；二是提供特殊的 VMkernel 端口，为 VMware ESXi 主机提供通信服务，支持 VMware ESXi 主机管理访问、vMotion 虚拟机迁移、网络存储访问、虚拟机容错 vSAN 等高级功能。VMware vSphere 虚拟网络的核心组件是虚拟交换机，它分为标准交换机和分布式交换机两种类型，通过虚拟交换机可建立虚拟网络。

标准交换机体系结构的各个组件是在主机级别配置的，虚拟环境提供了与物理环境类似的网络连接元素。与物理机类似，每台虚拟机各自都拥有一个或多个虚拟网络适配器或虚拟网卡。操作系统和应用程序通过标准设备驱动程序或经 VMware 优化的设备驱动程序与虚拟网卡进行通信，此时，虚拟网卡就如同物理网卡。对于外部环境而言，虚拟网卡具有自己的 MAC 地址及一个或多个 IP 地址，与物理网卡一样，它也能对标准以太网协议做出准确的响应。具体设置步骤如下。

（1）在清单窗格中选择主机，打开"配置"选项卡，在"网络"选项中可以看到 ESXi 服务器的网络设置。在 ESXi 系统装好后，系统会使用第一块网卡自动创建一个交换机并且创建两个端口组，其中一个是虚拟机通信端口组，另一个是管理 ESXi 的控制通道端口，如图 4-17 所示。

图 4-17　系统自动创建交换机

（2）物理网卡是默认使用的服务器的第一块网卡 vmmic0，并且使用这块网卡的 vSwitch0 为默认的交换机。黑色部分为虚拟交换机，右边为物理网络，左边为上行线路虚拟机网络。

（3）下面就在 vSwitch0 上创建一个虚拟机端口组。在标准交换机右边单击"属性"按钮，在弹出的属性窗口中，可以看到虚拟交换机的基本信息，如图 4-18 所示。

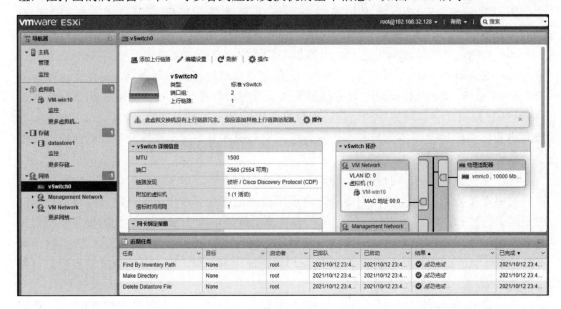

图 4-18　虚拟交换机的基本信息

（4）在"端口"选项卡中，单击"添加"按钮，在弹出的对话框中选择虚拟机，添加有标记的网络，以处理虚拟机网络流量。VMkemel 网络接口为主机提供网络连接，并且处理 VMwarevMotion、IP 存储器和 Fault Tolerance。单击"添加"按钮，如图 4-19 所示。

图 4-19　"添加端口组-新建端口组"对话框

（5）为虚拟网络端口组输入网络标签和 VLAN ID。VLAN ID 的范围是 1～4094，可以划分不同的 VLAN。与物理机相同，若虚拟机在不同的 VLAN 中，虽然都是通过一个网卡出入，但是不同 VLAN 中的虚拟机无法通信。若输入 0 或将选项留空，则端口组只能看到标记的（非 VLAN）流量。若输入 4095，则端口组可检测到任何 VLAN 上的流量。

（6）当创建好虚拟机网络后，再次创建虚拟机或者修改虚拟机网络设置时，就能看到创建的 VM Network 2 网络端口组，可以设置相应的虚拟机通信网络。

4.6　项目实验

项目实验 5　配置 ESXi 的管理网络

1. 项目描述

（1）项目背景。管理网络是 ESXi 最基本的网络，用于通过其他主机或节点对 ESXi 主机进行管理。在 VMware ESXi 虚拟机安装好后，需要对相应的管理网络进行配置。

（2）任务内容。主要是进行 ESXi 管理网络的配置，包括修改 IPv4 配置、修改 DNS 配置及设置 DNS 后缀等。

（3）所需资源。安装有 ESXi 软件的计算机，1 台。

2. 项目实施

步骤 1：启动 ESXi。ESXi 启动成功后，进入控制台界面，如图 4-20 所示。显示当前主机 IP 地址和访问地址。

步骤 2：身份验证。按下 F2 键，进入身份验证界面，如图 4-21 所示。输入正确的用户名和密码，按 Enter 键进入图 4-22 所示的界面。该界面左侧显示系统定制命令菜单，右侧是相应的配置管理窗口。在该界面中可进行修改密码、配置和测试网络、查看系统日志等一些基本配置。

图 4-20 "VMware ESXi 控制台"界面

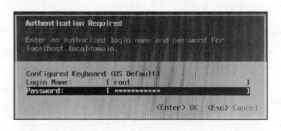

图 4-21 "VMware ESXi 身份验证"界面

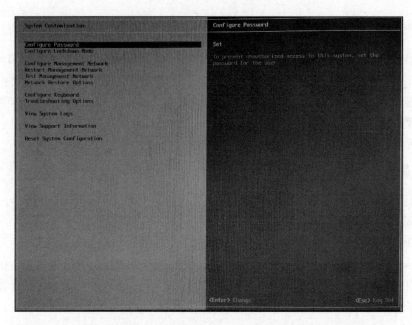

图 4-22 "VMware ESXi 系统定制"界面

步骤 3：配置网络参数。将光标移到"Configure Management Network"选项，右侧窗口中显示当前的管理网络信息，如主机名、IPv4 地址和 IPv6 地址，如图 4-23 所示。

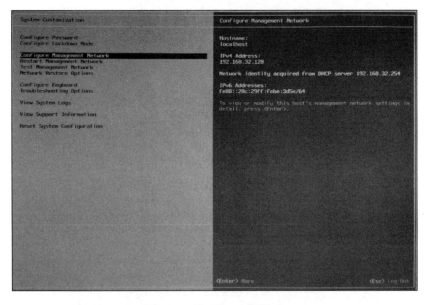

图 4-23　显示管理网络信息

若需要更改管理网络配置，则需要进入到"配置管理网络"界面，如图 4-24 所示。界面左侧列出了相关配置命令菜单，右侧窗口可以进行相应的配置。默认显示当前的网络适配器，若需要修改配置，则按 Enter 键进入"网络适配器"界面，进行相应操作即可，如图 4-25 所示。

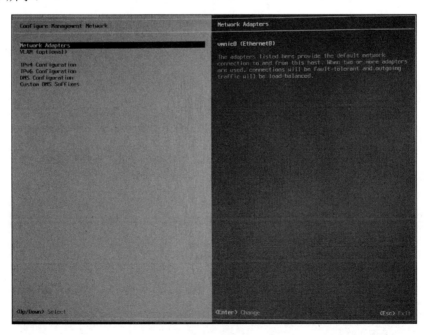

图 4-24　"配置管理网络"界面

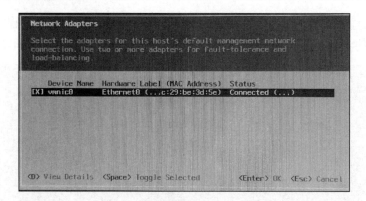

图 4-25 "网络适配器"界面

然后在图 4-24 中，将光标移到"IPv4 Configuration"选项，按 Enter 键进入到如图 4-26 所示的界面，选择"Set static IPv4 address and network configuration"选项，然后将光标移动到"IPv4 Address"选项对 IPv4 地址进行修改。

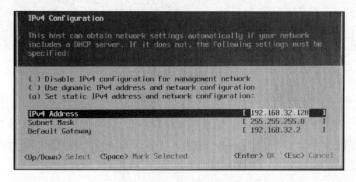

图 4-26 修改 IPv4 配置

在图 4-24 中，将光标移动到"DNS Configuration"选项，按 Enter 键进入到如图 4-27 所示的界面，选择"Use the following DNS server addresses and hostname"选项，然后将光标移动到"Hostname"选项，修改 DNS 配置。

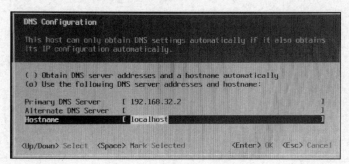

图 4-27 修改 DNS 配置

在图 4-24 中，将光标移动到"Custom DNS Suffixes"，按 Enter 键进入到如图 4-28 所示界面，设置 DNS 后缀。

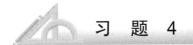

图 4-28　设置 DNS 后缀

ESXi 的管理网络参数包括 IP 地址、子网掩码、默认网关、DNS 服务器地址等，配置完成后，使用其他主机或节点可对 ESXi 主机进行管理。

习 题 4

一、单项选择题

1. 请阅读下面的定义，与它匹配的虚拟机特性是（　　），"当物理主机上的某台虚拟机停机时，并不会影响同一台主机上的其余虚拟机。"

   A．隔离   B．兼容性

   C．硬件独立性   D．封装

2. 下列说法最准确地描述了 VMware vSphere 的是（　　）。

   A．数据中心的虚拟部分

   B．作为资源池集中控制的虚拟计算、存储和网络功能

   C．几乎可看作数据中心组成部分的硬件，但尚未交付

   D．一个 IT 基础架构中的所有软件的集合，会分配给服务器

3. 属于 VMware vSphere 的核心组件是（　　）。

   A．ESXi   B．CPU

   C．存储   D．以上都不正确

4. 以下选项不是 VMware vSphere 的特性的是（　　）。

   A．提高了可管理性   B．成本低廉

   C．提高了响应能力   D．增强了服务器性能

5. 以下关于 VMware vSphere 的功能中，不正确的是（　　）。

   A．将虚拟机从一台物理服务器迁移到另一台物理服务器，连续的服务可用性和事务处理会存在不完整

   B．为第三方解决方案提供标准界面

   C．高可用性

   D．连接方便

6. 以下不属于 VMware vSphere 数据中心的基本物理构建块的是（　　）。

   A．存储器网络   B．浏览器

   C．IP 网络   D．管理服务器

7. 以下不属于 VMware vSphere 平台系统架构层的是（　　）。

A. 管理层　　　　　　　　　　　　　B. 接口层

C. 应用层　　　　　　　　　　　　　D. 虚拟化层

8. VMware vSphere 为数据中心管理和虚拟机访问提供多种界面，以下说法不正确的是（　　）。

　　A. VMware vSphere Client　　　　　B. 命令行

　　C. 网页登录　　　　　　　　　　　D. 以上都不对

9. 以下关于 VMware ESXi 的功能中，不正确的是（　　）。

　　A. 是一套新的命令行实用程序，管理员可以用它创建包含专用于硬件的第三方组件的自定义 ESXi 镜像

　　B. 可自动部署

　　C. 增强的 SNMP 支持

　　D. 新一代的虚拟机软件

10. 以下不属于 ESXi 的安装方式的是（　　）。

　　A. 脚本式安装　　　　　　　　　　B. 直接安装

　　C. 交互式安装　　　　　　　　　　D. Auto Deploy 安装

11. 以下说法不正确的是（　　）。

　　A. VMware vSphere 平台系统架构中虚拟化层即是基础架构服务

　　B. ESXi 是用于创建虚拟化和运行虚拟化

　　C. 用户可以通过诸如 Web Access 客户端访问 VMware vSphere 数据中心

　　D. VMware vSphere 可以通过脚本式进行安装

12. 以下说法不正确的是（　　）。

　　A. VMware vSphere 的核心组件只有 ESXi

　　B. ESXi 主机本身也是一台 VMware WorkStation 虚拟机

　　C. 在虚拟机中，安装操作系统与在物理计算机中安装的过程基本相同

　　D. VMware vSphere 可以通过交互式进行安装

13. 以下说法不正确的是（　　）。

　　A. 脚本化安装往往最适合用于部署具有相同设置的多台 ESXi 主机

　　B. 交互式安装最适合大规模部署

　　C. 使用 Auto Deploy 方式安装时，技术人员能够明确定义数百台物理主机的 ESXi 配置及配置文件

　　D. 在服务器上安装 ESXi 主机，VMware vSphere 提供了多种安装方法

14. VMware vSphere 存储技术，用以满足各种数据中心存储需求，以下不属于该存储技术的是（　　）。

　　A. 光纤通道 SAN 阵列　　　　　　B. iSCSI SAN 阵列

　　C. NAS 阵列　　　　　　　　　　　D. SDP 阵列

15. 下面操作不可以在 VMware ESXi 系统定制界面完成的是（　　）。

　　A. IPv4 地址修改　　　　　　　　　B. DNS 配置的修改

　　C. DNS 后缀的设置　　　　　　　　D. 新建虚拟机

二、简答题

1. VMware vSphere 的核心组件包含什么内容？

2．VMware vSphere 平台系统架构包括哪几个层？

3．VMware vSphere 数据中心物理拓扑包括哪些组件？

4．VMware vSphere 的主要功能有哪些？

5．VMware vSphere 虚拟机控制台有哪几种？

6．VMware ESXi 的功能是什么？

7．VMware ESXi 有哪几种安装方式？

8．VMware vSphere 存储技术有哪些？

9．参照 4.3 节中的内容，在 ESXi 上创建一台虚拟机，并安装操作系统。

10．参照 4.4 节中的内容，通过 iSCSI 挂载共享存储？

第 5 章

CNware 虚拟化技术

5.1 国产虚拟化的发展介绍

5.1.1 现状

云计算以虚拟化为基础，虚拟化技术将资源抽象化后，提供给云计算进行编排，为云计算提供基础的技术支撑，带来了巨大的潜在收益，即缩短组织新业务的上线时间，提升了业务的服务质量，大幅降低了运营成本。

目前为止，美国在全球虚拟化市场上占主导垄断地位。而在国内，美国巨头企业虚拟化产品在相当长一段时间内完全占据了市场，政府、军工、金融等重要行业在早期的云建设项目中国内厂家占比甚少，均被 VMware、思杰、微软三大虚拟化厂商占据。

近年来，以华为、中兴为主的中国高新技术企业受到了美国的技术封锁，芯片、基础软件和中间件基本被美国企业所垄断，"缺芯少魂"成了中国信息产业发展的一大难题，引起了全国和国际社会的广泛关注。这场中美科技的博弈加快了中国数字化新基建的进程，为实现技术"自主可控"的战略目标打下夯实基础，进一步推动了国产化替代和信创产业的发展。

信创产业（信息技术应用创新产业）包含了从 IT 底层的基础软/硬件到上层的应用软件全产业链的安全、可控，是目前国家一项重要的发展战略，也是当今形势下国家经济发展的新动能。信创产业主要从云计算、软件、硬件、安全等方面推进和提倡行业的创新发展，提升信息技术软、硬件的信息安全管理和技术防护能力，形成安全可控的信息技术产业体系。

虚拟化技术是实现云计算的基础。如果这些最基础的软件不使用国产化产品，而仍使用国外垄断产品，那么就不能保证底层系统的安全可靠，整个信息系统将不能做到自主安全，这将导致各个重点行业的信息安全存在巨大的隐患。

由于信创生态落后，相对于 x86 芯片，信创芯片性能依然较差、芯片技术路线较多、软硬件生态不成熟、产品不稳定，导致党政体系及八大国计民生行业在信创国产化替代进程中面临以下挑战。

（1）多种芯片技术路线并行。因国产芯片技术架构不同，且未来发展趋势不明，为避免风险，需采用多芯片建设、多芯片路线、多技术架构等方式并行，从而增加了 IT 复杂度。

（2）多云并存管理难。客户有存量云平台，在新增信创云的情况下，多云孤岛、分散管理，增大了运维难度且不利于资源有效管理。

（3）应用迁移困境。应用迁移涉及重构与重编译，工作量大，相关工具不成熟。

（4）终端体验差，导致应用改造推广缓慢。OA、邮箱、门户网站等业务用国产应用替代后，其他应用仍需使用原有环境才能操作，终端办公体验差，导致国产应用使用频率低、升级迭代缓慢、推广受阻。

5.1.2　趋势

基于我国核心技术受制于人的现状，国家提出"2+8"安全可控战略，在金融、电信、石油、电力、交通、航空航天、医院、教育等行业推进信息技术创新研究和应用。从2020 年开始，正式开启国产化替代进程，我国 IT 产业的基础硬件、基础软件、行业应用都将迎来国产化替代潮。

在国家的大力推动下，金融、军工、政企等行业已经开展了国产化替代工作，以国产化的 CPU、操作系统为基础，结合国产虚拟化技术建设自主可控的云平台，统筹利用计算、存储、网络、安全、应用支撑、信息资源等软/硬件资源，发挥云计算虚拟化、高可靠性、高通用性、高可扩展性及快速、弹性、按需自助服务等特征，提供可信的计算、网络和存储能力，通过选择拥有自主核心技术的虚拟化技术，避免国外行业巨头对云计算关键技术的垄断，以"小步快跑"的方式逐步替代。

正如倪光南院士所说，"目前国内信创发展整体上已经从'不可用到可用'阶段，进入到'可用到好用'阶段，从发展的形态和业态来说，已经从单项产品的研发进入到营造生态系统的阶段。

伴随着"十四五"规划的落地，数字化转型有了更清晰的指引。响应"数字化转向整体驱动生产方式、生活方式和治理方式变革"的时代感召，政府、企业及社会组织面临着如何高效、有力、协同、系统的实现数字化转型。

数字化转型的第一步无疑是上云，实现基础设施虚拟化。面对数字化浪潮，政府、企业、组织上云的进程必将加快，虚拟化技术自主可控、并实现国产化势在必行。

从整个 IT 基础架构来看，虚拟化处于"腰部"位置，对下承载包括国产芯片、整机、操作系统等硬件基础设施，对上支持国产中间件、数据库等软件，同时向外支撑大数据、人工智能、物联网、5G 等新一代企业级应用，在整个信创产业链体系中起到承上启下、贯穿生态的重要作用。

随着国产虚拟化技术不断进步，产品与服务不断完善，给用户带来的体验丝毫不比国外的产品差。通过自主创新的软件和硬件，高效地将复杂的 IT 架构云化，打造成管理统一、体验一致的混合架构云平台，支持全芯全栈解决方案，可以为用户提供完整的一云多芯、多云统管、云上办公等国产化替代方案。

5.2　CNware 简介

国内云计算企业云宏公司历时 10 年，开发出我国虚拟化软件 CNware，有能力全面替换国外巨头虚拟化产品。CNware 功能全面，易安装，使用方便，异构兼容性强，无缝接管存量资源，敏捷交付增量资源；支持国内外主流服务器、存储设备、网络设备及各种主流虚拟化技术，兼容上百个版本的操作系统；产品安全性高，业界首创虚拟化底层防DDoS 攻击技术填补国际空白，无代理杀毒技术填补国内空白，安全策略丰富。

在自主安全领域，CNware 极具前瞻性地启动国产自主安全战略合作布局，2016 年，开始国产云操作系统的适配认证工作，2017 年，开始与国产芯片服务器厂商展开对接。目前，CNware 与多家国产服务器芯片、操作系统、中间件、数据库等厂商实现了良好的支持适配，完成产品兼容互认证。CNware 自主安全云生态体系的规模已然壮大。

凭借着 CNware 虚拟化能力的日益凸显，CNware 在业界内的影响力与日俱增。CNware 正以开放共享、创新进取的理念，构建涵盖渠道、行业市场、技术和产品等的国产自主创新生态。在国际新形势不断发展之际，已做好力扛国产自主、安全可靠云计算大旗的准备。

5.3 CNware 技术原理

CNware WinStack 虚拟化云平台软件聚焦于软件定义基础设施的虚拟化能力、云计算调度能力，计算、存储、网络均提供企业级的虚拟化产品，可灵活组合适应、整合数据中心基础设施，达到提高资源效率、管理效率的目的；利用集群调度算法、资源落点多重算法、虚拟机亲和/反亲和规则等建立高度自动化、智能化、服务质量水平的基础架构，保障业务上线敏捷和连续性要求。

CNware WinStack 虚拟化云平台套件采用积木式架构，由多个组件组成。其主要组件如下。

（1）计算：自主研发、内核特性强化的虚拟化引擎 WinSphere；WinSphere 基于 KVM 虚拟化引擎，持续跟进国内外社区增强内核特性，因而增强虚拟化运行环境的硬件兼容性、操作系统兼容性、稳定性、安全性、可扩展性等，尤其在信创领域率先完成鲲鹏、飞腾、龙芯、海光、兆芯、申威芯片的适配，与超过 12 家国产操作系统厂商完成兼容互认证。

（2）存储：基于 CEPH 深度优化定制的分布式存储 WinStore；目前大部分企业仍然采用传统的"服务器+网络+专用外置存储"的三层架构来创建自己的虚拟化和 IT 基础设施，但基于通用服务器构建的软件定义存储极具性能、扩展性、成本的优势，因此成为存储革命不可抵御的趋势。其中，以 CEPH 为代表的开源分布式存储技术与虚拟化时代不期而遇，全新的数据存储架构再次颠覆、提升企业数据的价值；WinStore 基于 CEPH 进行面向多类 I/O 场景的深度优化，支持 SSD、HDD 的分离或混合部署，结合 Docker、Ansible 等技术构建自优化控制平面，提供完备的分布式存储集群部署、创建、扩缩容配置、监控、分析功能。

（3）网络：基于 Open vSwitch 和 SDN 理念打造的轻量级网络虚拟化 WinFabric；Open vSwitch 以丰富的功能特性、出色的性能和稳定性成为开源主流的虚拟交换机，提供虚拟网卡之间或虚拟网卡与物理网卡的连接，兼容 802.1q 协议，支持 VLAN、VXLAN 等技术；随着转发与控制平面分离、集中式策略下发的 SDN 理念和技术的成熟和盛行，用户逐渐接受和认可网络虚拟化的优势，WinFabric 正是采用这一理念，并坚持轻量级、松耦合的设计思想，网络虚拟化管理组件能够与 WinStack 管理节点紧密或分离部署，并以极低的资源占用实现网络管理平面的高可用；所有计算节点与网络管理平面以 OVSDB 协议进行策略同步和下发，并在本地 OVSDB-Server 流表中存储；WinFabric 实现了 VPC 模型，可提供虚拟私有网络、虚拟路由器、虚拟负载均衡、浮动 IP、安全组等网络元素，满足用户的私有云隔离网络环境的安全要求。

（4）管理：具备调度与服务统一平面的管理平台 WinCenter；提供全方位的涵盖计算、存储、网络、安全、运维、用户的集中管理视图，覆盖各类资源精细化配置、调整、运维功能，简化运维的复杂性。

5.4　CNware 安装与配置

本节是为了正确的指导学生安装云宏公司的 CNware 虚拟化云平台，包括计算节点和管理节点。

说明：提前做好网段规划，若部署的是 IPv4 环境，则所有节点均需要使用 IPv4 的 IP，若部署的是 IPv6 环境，则所有节点均需使用 IPv6 的 IP。

5.4.1　安装节点

（1）安装 CNware 计算节点。支持在飞腾、海思国产 ARM 架构，海光、戴尔、兆芯国产 x86 架构，龙芯 3A3000、3B3000、3A4000、3B4000 服务器上安装，还支持 Marvell、Amperer 等 ARM 架构、AMD 和 Intel 等标准 x86 架构。

（2）安装 CNware 管理节点。管理节点安装有以下两种方式，根据资源情况选择其中一种即可。

① 在物理机上安装管理节点。

② 在虚拟机上安装管理节点，默认使用 8 个 CPU，使用 24GB 内存，使用 250GB 存储器。

（3）管理平台纳管计算节点。一个管理节点可同时纳管 ARM 和 x86 多种架构服务器计算节点。IPv6 的管理节点纳管 IPv6 的计算节点，IPv4 的管理节点纳管 IPv4 的计算节点。

5.4.2　CNware 安装介质准备

本节介绍如何通过 U 盘安装 CNware。若用户通过光盘安装 CNware，则可忽略此节内容。

（1）复制安装包前需要先准备好系统刻录软件，系统刻录软件可自行选择，如 UtrlaISO（建议使用正版）。

（2）制作安装盘会清空 U 盘数据，准备 U 盘时需要保证 U 盘中的内容已备份，以免丢失数据。

（3）提前插入 U 盘。

（4）若服务器为天钥飞腾系列，则优先使用闪迪 U 盘或光盘作为安装启动介质。

本次安装方式采用 U 盘安装，需要 U 盘的存储空间至少为 8GB。下载并复制安装包。

ARM 架构安装包为 CNware-8.0.2-ARM-2020XXXX.iso。

x86 架构安装包为 CNware-8.0.2-x86_64-2020XXXX.iso。

使用准备好的系统刻录软件进行刻录。刻录成功后，安全弹出 U 盘，CNware 安装介质准备完毕。

5.4.3　安装步骤

本文档仅以 ARM 华为海思和 x86 曙光海光服务器为例，若服务器或型号与本文档示例中的不一致，则需要参考服务器厂商用户手册设置。若服务器已设置从 U 盘启动，则跳过此节叙述的相关步骤。

步骤 1：启动参数设置。

（1）安装 ARM 华为海思服务器 BIOS 设置。将 U 盘插在服务器上，重启服务器，按 F11 键进入 BIOS，然后进入到"Boot Manager"界面，设置 BIOS 参数，如图 5-1 所示。

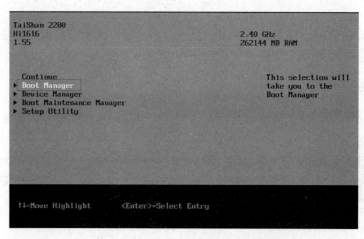

图 5-1　"Boot Manager"界面

选择从 U 盘启动，设置完成后，按 Enter 键进行安装界面，如图 5-2 所示。

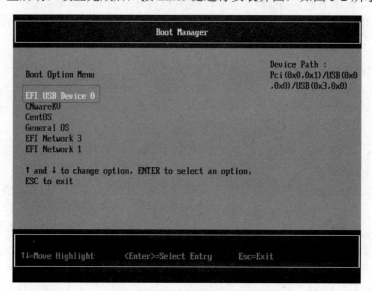

图 5-2　安装界面

步骤 2：在 BIOS 中设置服务器与本地时间或 NTP 服务器同步。

（1）安装 x86 曙光海光服务器 BIOS 设置。将 U 盘插在服务器上，重启服务器，按

DEL 键进入 BIOS。设置 BIOS 参数，进入到"Boot-->Boot Option #1"选项，将第一启动项设置为 U 盘启动，如图 5-3 所示。

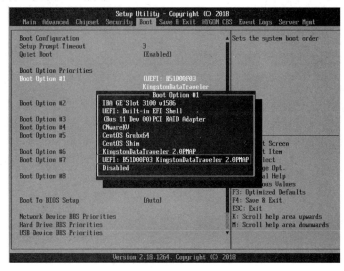

图 5-3　"参数设置"界面

（2）将第二启动项设置为硬盘启动，如图 5-4 所示

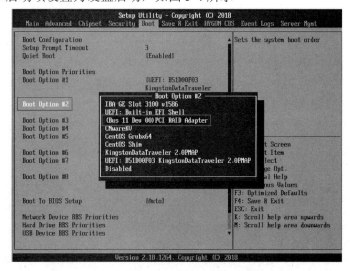

图 5-4　"设置硬盘启动"界面

在 BIOS 中，设置服务器与本地时间或 NTP 服务器同步。

5.4.4　选择安装项

（1）ARM 安装选择项。根据物理服务器选择相应选项，由于是在鲲鹏服务器上编写此文档，因此此处选择" Install CNware 8.0.2"选项，然后按 Enter 键。由于固件型号差异，有些飞腾服务器不会进入这里的选择项，而是直接跳转至参数设置，如图 5-5 所示。

图 5-5 "ARM 安装"界面

相关可选项如下。

① 飞腾服务器：Install CNware 8.0.2。

② 迈威服务器：Install Winhong CNware For Marvell。

③ 安培服务器：Install Winhong CNware For Ampere。

（2）x86 戴尔安装选择项。选择"Install CNware 8.0.2"选项，按 Enter 键，如图 5-6 所示。

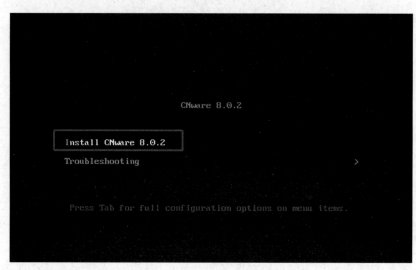

图 5-6 "x86 戴尔安装"界面

另外，相关可选项有戴尔、海光、Intel、AMD 服务器：Install CNware 8.0.2。

5.4.5　参数设置

进入安装界面后，单击"Continue"按钮，进入参数设置界面，如图 5-7 所示。

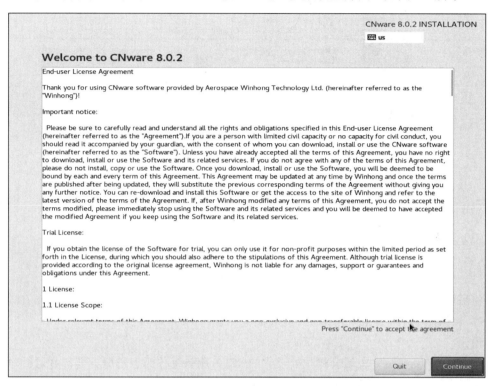

图 5-7　"参数设置"界面

（1）首先对语言进行设置"设置语言"界面，如图 5-8 所示。

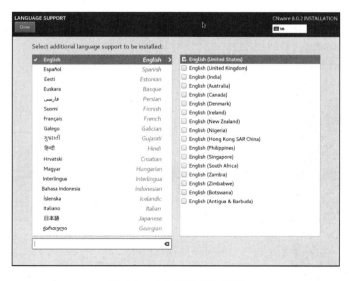

图 5-8　"设置语言"界面

（2）然后对时间及时区进行设置，"设置时间及时区"界面如图 5-9 所示

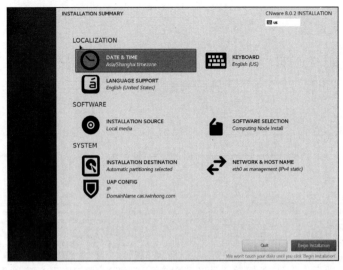

图 5-9　"设置时间及时区"界面

（3）时间、时区设置完毕后，单击左上角"Done"按钮，设置完成。

（4）设置网络时间 NTP（可选，若不配置 NTP，则直接跳转至第（9）步）。

（5）配置 NTP 服务器，输入地址，单击加号按钮。

将需要使用的 NTP 服务器后边打钩，然后单击"OK"按钮。设置 Network Time 为 "ON"，然后单击"Done"按钮；（此处需先配置好网络才可设置）。

说明：

① 管理节点安装完成后会将此处设置的 NTP 服务器作为上游服务器，并进行时间同步，也可在系统管理的 NTP 配置处进行修改。

② 计算节点安装完后，会将此处设置的 NTP 服务器作为上游服务器，并进行时间同步。

③ 计算节点加入管理节点后，会将此处设置的 NTP 服务器配置覆盖，将管理节点作为上游服务器，与管理节点进行时间同步。

（6）设置 SOFTWARE SELECTION，并选择安装节点的类型，如图 5-10 所示。

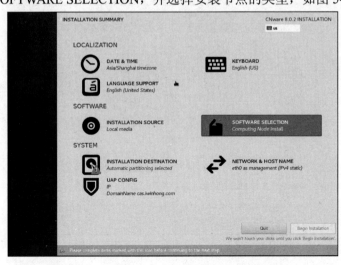

图 5-10　"设置 SOFTWARE SELECTION"界面

选中"Computer Node Install"单选按钮，安装计算节点，如图 5-11 所示。

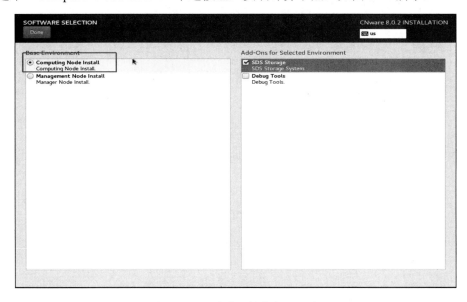

图 5-11　"安装计算节点"界面

说明：

① 计算节点：默认选中"Computer Node Install"选项。

② 管理节点：在物理机或虚拟机上安装管理节点均选择"Manager Node Install"选项。

③ WinStore 安装：分布式存储的依赖包，使用分布式存储时需要选择"SDS Storage"选项。

④ 开发调试使用：Debug Tools，不适用于生产环境。

（7）设置 INSTALLATION DESTINATION，选择需要安装的系统磁盘，如图 5-12 所示。

图 5-12　"设置 INSTALLATION DESTINATION"界面

选择系统安装磁盘后，可根据实际需要调整日志盘大小，单击左上角"Done"按钮，设置完成，如图 5-13 所示。

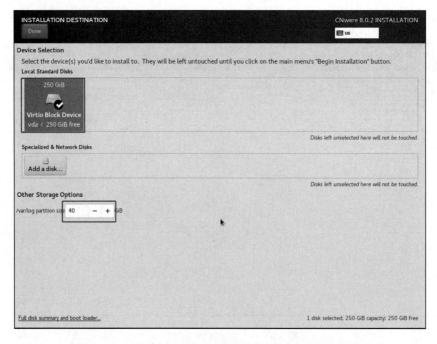

图 5-13 "设置 INSTALLATION DESTINATION"界面

说明:

① 可选多个磁盘,也可只选一个磁盘。注意,不要选中 U 盘。

② 若不能正常识别硬盘,则先检查有没有做 raid,若没有则需要先做 raid 再安装。

③ 被选中磁盘默认会划分出根分区、日志分区、交换分区、启动分区,至少占用 63GB,剩余空间会被用作本地存储池,日志分区可自定义大小。

④ 若本地存储池需要较大空间,可选择大容量磁盘安装系统,或选择多个磁盘安装系统。

(8)设置 NETWORK & HOST NAME,配置网络和主机名,如图 5-14 所示。

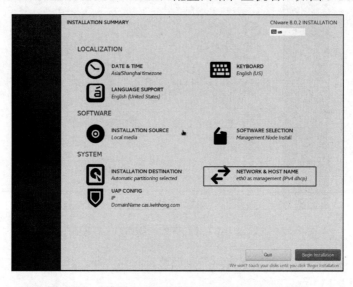

图 5-14 "设置 NETWORK & HOST NAME"界面

选择已连线的网卡作为管理网络的网卡，在"Host name"文本框中输出主机名。然后单击"Apply"下拉按钮，设置主机名，如图 5-15 所示

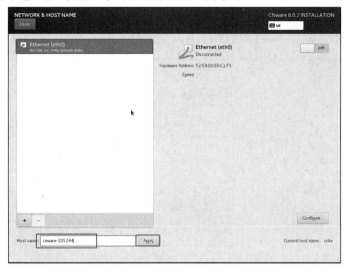

图 5-15　"设置主机名"界面

说明：

① 主机名中不能有大写英文字母。

② 主机名一经设定请勿再修改。若已安装了 SDS 分布式存储，修改主机名会导致 SDS 分布式存储无法正常使用。

根据管理网络是否有 VLAN ID 来选择网卡设备，并配置 IP 信息。

若管理网络网卡连接的交换机端口未配置 VLAN ID，则按步骤（a）操作，若有配置 VLAN ID，则按步骤（b）操作。

（a）管理网络无 VLAN ID，则选择已连接网线的"Ethernet"选项，然后单击"Configure"按钮，进入网络配置页面，如图 5-16 所示。

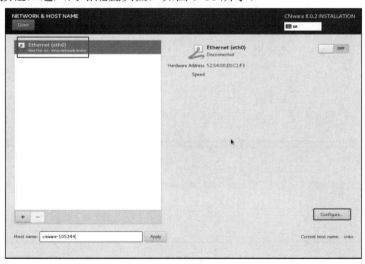

图 5-16　"管理网络无 VLAN ID"界面

（b）管理网络有 VLAN ID，则单击左下角的"+"按钮，弹出"Add device"窗口，在下拉列表中选择"VLAN"选项，然后单击"ADD"按钮，如图 5-17 所示。

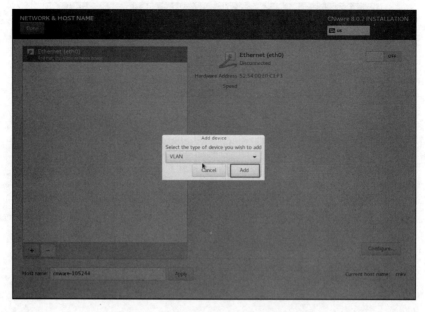

图 5-17 "管理网络有 VLAN ID"界面

关闭"Add device"窗口，弹出"Editing VLAN connection1"窗口，在"Parent interface"下拉列表中选择物理网卡，在"VLAN id"文本框中输入"306"，最后单击"Save"按钮，如图 5-18 所示。

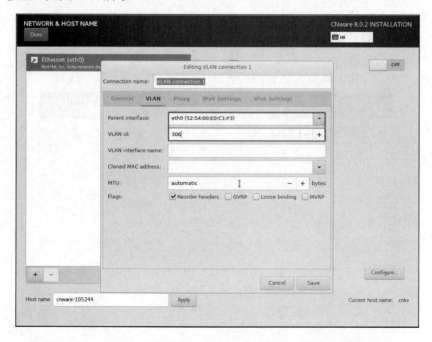

图 5-18 "Editing VLAN connection1"窗口

选择创建的 VLAN，单击"Configure"按钮，进入 IP、掩码、网关等信息配置页面，如图 5-19 所示。

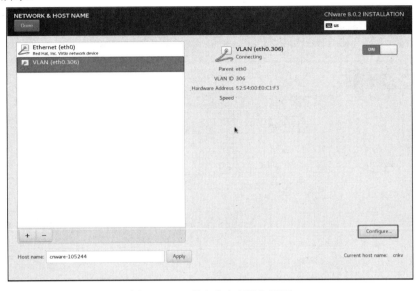

图 5-19　"基本信息配置"界面

配置 IP、掩码、网关等信息，然后单击"Save"按钮，出现 IPv4 和 IPv6 配置界面（不支持同时配置 IPv4 和 IPv6，安装时只配置 IPv4 或 IPv6 两者中的一个即可）。

说明：若管理网络网卡连接的交换机端口未配置 VLAN ID，则选"Ethernet（eth0）"选项后，按以下步骤操作；若配置 VLAN ID，则选择"VLAN（None）"选项后按以下步骤操作。

（9）"IPv4 配置"界面，如图 5-20 所示。

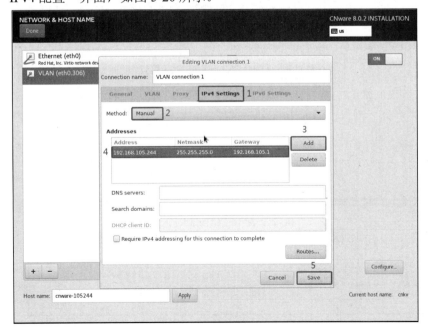

图 5-20　"IPv4 配置"界面

说明：在配置 IPv6 时，要首先禁用 IPv4（见图 5.21），才能配置 IPv6，其配置方法与 IPv4 一样，如图 5-22 所示。

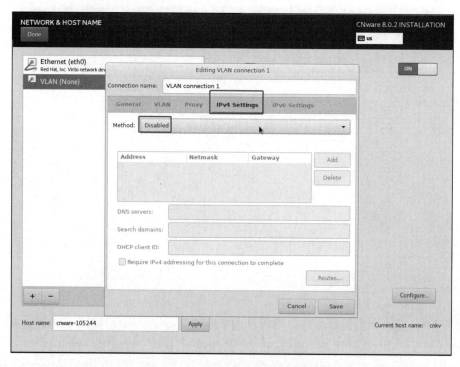

图 5-21 "禁用 IPv4 配置"界面

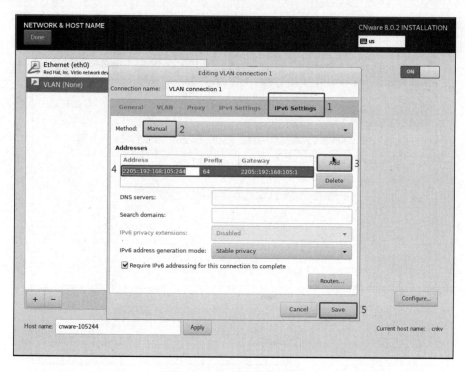

图 5-22 "IPv6 配置"界面

网络配置完成后，单击所选设备的右上角开关，将其设置为"ON"，再单击左上角 "Done" 按钮，配置完成。

说明：若管理网络网卡连接的交换机端口未配置 VLAN ID，则选择"Ethernet（eth0）"选项后，再按以下步骤操作；若有配置 VLAN ID，则在选择"VLAN（None）"选项后，再按以下步骤操作。

"IPv4 配置"界面，如图 5-23 所示。

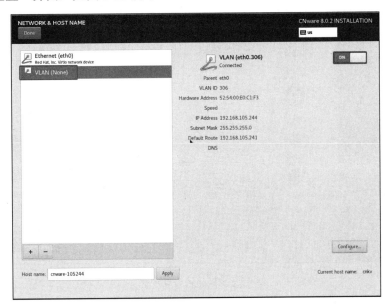

图 5-23 "IPv4 配置"界面

"IPv6 配置"界面，如图 5-24 所示。

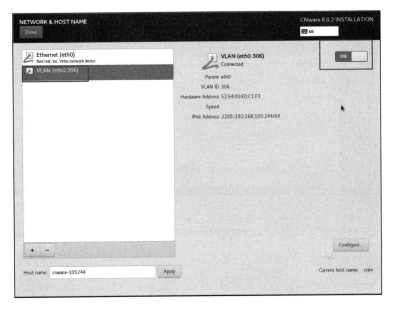

图 5-24 "IPv6 配置"界面

5.4.6 开始安装

（1）单击"Begin Installation"按钮，开始安装，如图 5-25 所示。

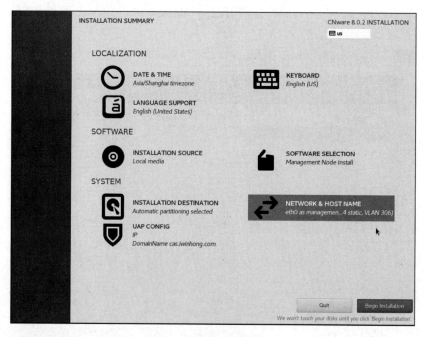

图 5-25 "开始安装"界面

（2）设置主机 root 用户登录密码，图 5-26 所示。

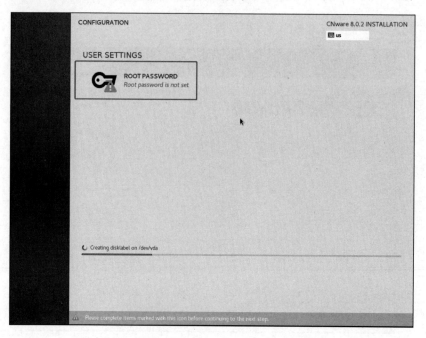

图 5-26 "设置主机 root 用户登录密码"界面

输入密码并确认密码，单击左上角"Done"按钮，设置完成，如图 5-27 所示。

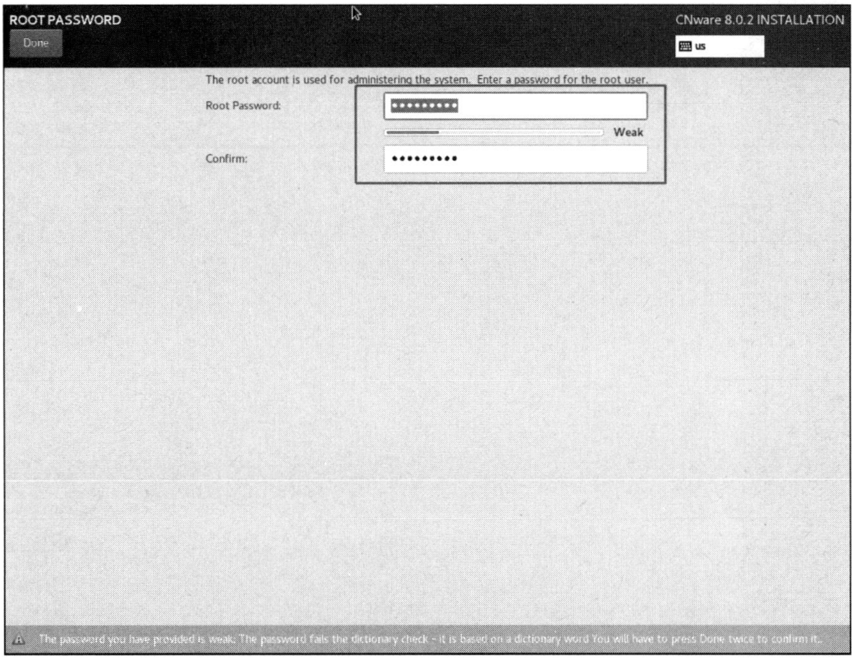

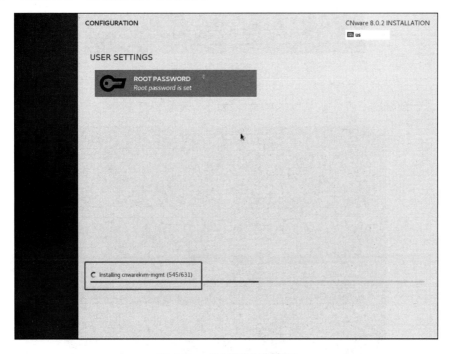

图 5-27　"设置完成"界面

（3）"安装进行"界面如图 5-28 所示。

图 5-28　"安装进行"界面

安装完成后，单击"Reboot"按钮，重启主机即可，如图 5-29 所示。

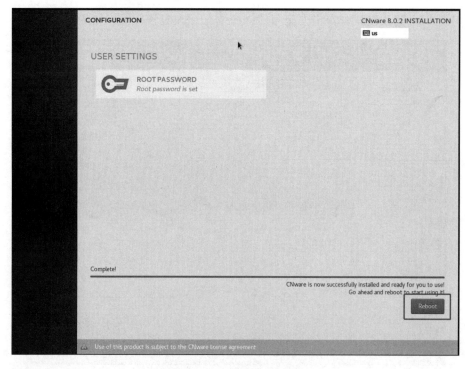

图 5-29　"安装完成"界面

拔掉主机上的 U 盘，重启主机后，进入登录界面，如图 5-30 所示。

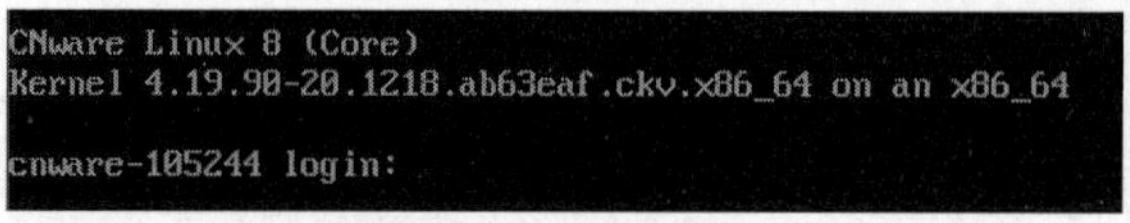

```
CNware Linux 8 (Core)
Kernel 4.19.90-20.1218.ab63eaf.ckv.x86_64 on an x86_64

cnware-105244 login:
```

图 5-30　"登录"界面

登录已安装好的节点，确认时间都是一致的，如图 5-31 所示。

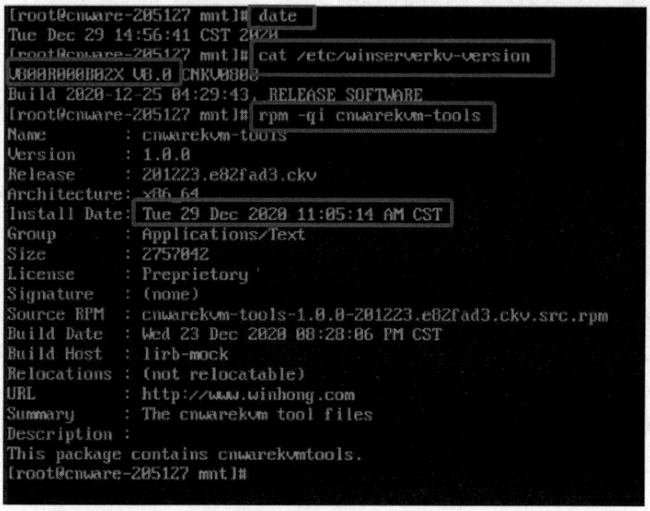

```
[root@cnware-205127 mnt]# date
Tue Dec 29 14:56:41 CST 2020
[root@cnware-205127 mnt]# cat /etc/winserverkv-version
V800R000B02X V8.0 CNKV0808
Build 2020-12-25 04:29:43 RELEASE SOFTWARE
[root@cnware-205127 mnt]# rpm -qi cnwarekvm-tools
Name        : cnwarekvm-tools
Version     : 1.0.0
Release     : 201223.e82fad3.ckv
Architecture: x86_64
Install Date: Tue 29 Dec 2020 11:05:14 AM CST
Group       : Applications/Text
Size        : 2757042
License     : Preprietory
Signature   : (none)
Source RPM  : cnwarekvm-tools-1.0.0-201223.e82fad3.ckv.src.rpm
Build Date  : Wed 23 Dec 2020 08:28:06 PM CST
Build Host  : lirb-mock
Relocations : (not relocatable)
URL         : http://www.winhong.com
Summary     : The cnwarekvm tool files
Description :
This package contains cnwarekvmtools.
[root@cnware-205127 mnt]#
```

图 5-31　"确认时间"界面

说明：计算节点可用内存大小为主机物理内存+Swap 分区，当使用 Swap 分区时，对性能会有一定影响，若生产环境要使用 Swap 分区，则需要先进行充分测试与验证。

Swap 分区表如表 5-1 所示。

表 5-1　Swap 分区表

主机物理内存大小	Swap 分区大小
Mem <= 2GB	2*mem + 4GB
2GB < mem <= 64GB	mem/2 + 4GB
mem > 64GB	68GB

计算节点默认 CPU 使用率上限及预留内存大小在 /etc/kvm/cnkv_resource_limits.conf 处配置文件定义，修改后，systemctl restart libvirtd 重启生效，如 CpuUse 100 MemReserved 4 on 0。

CpuUse：CPU 使用率上限（如 100%）。

MemReserved：预留空闲内存下限（单位为 GB，如 4GB）。

On：限制开关，0 表示关闭限制，1 表示开启限制，默认为 0。

5.4.7　安装 CNware 管理节点

在物理服务器上安装 CNware 管理节点。除在设置"SOFTWARE SELECTION"选项，选择"CNware Manager Node Install"选项外，其他步骤与计算节点安装步骤相同，相关操作步骤请参考安装 CNware 计算节点的步骤（包括安装选项的选择）。

5.4.8　在虚拟机上安装

（1）上传文件。通过 FTP 工具上传管理平台安装的 ISO 到计算节点指定的目录 /vms/isos/中。ARM 计算节点上传 ARM 的 ISO，如图 5-32 所示（以实际 ISO 名称为准）。x86 计算节点上传 x86 的 ISO，如图 5-33 所示（以实际 ISO 名称为准）。

图 5-32　"上传"界面
图 5-33　"上传"界面 

进入计算节点/vms/isos 目录下执行如下命令，如图 5-34 所示，在虚拟机上安装管理平台（以实际 ISO 名称为准）。

```
cnwarekvmmgmtcreate ******.iso
```

图 5-34　"上传"界面

说明：管理平台默认配置实际为 250GB 磁盘、24GB 内存、8 个 CPU，需要提前保证主机存储资源足够。

确保安装管理节点虚拟机的计算节点的时间与当前时间保持一致，若不一致，则可能会导致管理节点上的数据库服务无法启动。

使用以下命令删除管理节点虚拟机。

```
cnwarekvmmgmtdelete cnwarekvmmgmt
```

使用以下命令指定管理节点虚拟机使用的虚拟交换机。

```
cnwarekvmmgmtcreate ******.iso br=vswitchX vlan=VLANID, br=vswitchX
```

使用以下命令指定管理节点虚拟机使用的网段。

```
vlan=VLANID
```

使用以下命令指定管理节点虚拟机的名称。

```
cnwarekvmmgmtcreate ******.iso vm=cnkvmmgmt01
```

使用以下命令指定管理节点虚拟机的磁盘大小，示例为 500GB。

```
cnwarekvmmgmtcreate ******.iso disk=500
```

使用以下命令管理节点虚拟机，手工卸载 ISO。

```
virsh destroy cnwarekvmmgmt
virsh change-media cnwarekvmmgmt --path sdb --eject -config
virsh start cnwarekvmmgmt
```

通过以下命令查看该命令的帮助文档。

```
cnwarekvmmgmtcreate
```

（2）VNC 安装。下载 VNC 工具，如 TightVNC、VNC viewer 等。在 VNC 工具中输入计算节点 IP 和虚拟机的 VNC 端口号（默认为 5900），使用

```
virsh dumpxml --security-info cnwarekvmmgmt | grep passwd
```

查询 VNC 密码，如 192.168.205.219:5901，连接虚拟机控制台，如图 5-35 所示。

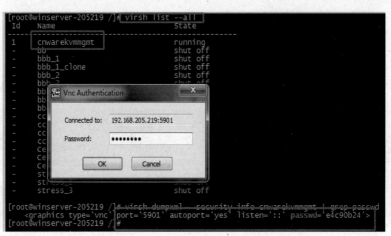

图 5-35 "VNC 安装"界面

说明：使用 VNC 客户端时，IPv6 地址不支持缩写，故需要将缩写的 IPv6 转化为非缩写的 IPv6，再连接，如要将[240c::3]:5901 写成[240c:0000:0000:0000:0000:0000:0000:0003]:5901。

进入控制台后，安装启动项选择第一项"Install CNware 8.0.2"（此处为 x86 主机安装虚拟机管理节点，安装启动项选择第一项），如图 5-36 所示。

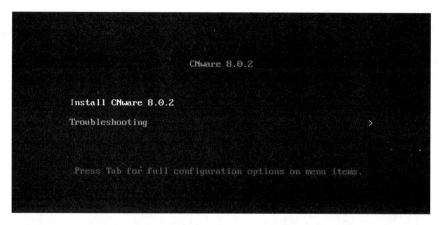

图 5-36　"安装"界面

进入虚拟机控制台后的安装步骤，除在设置"SOFTWARE SELECTION"选项时选择"CNware Manager Node Install"选项，配置网络时选择已连接网线的"Ethernet"选项，再单击"Configure"选项进入外，其他步骤与安装计算节点的步骤一致，具体操作步骤请参考计算节点的安装。

说明：虚拟机默认使用网络是计算节点的 vswitch0、Default 策略。

若安装过程出现如图 5-37 所示的界面时，直接单击"Continue"按钮即可。

安装完成后，若在管理节点使用 ck 命令可以看到所有服务和组件都是 running 状态，则表示启动完成。虚拟机中的管理平台服务启动需要 15min 左右，待服务启动完成后，再登录访问，如图 5-38 所示。

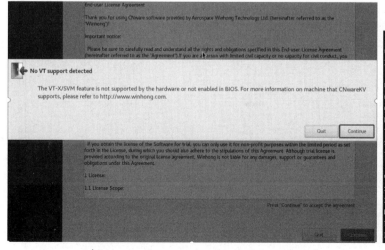

图 5-37　"安装"界面　　　　　　　　　　图 5-38　"安装完成"界面

虚拟机默认使用的存储池是 defaultpool，虚拟交换机是 vswitch0。

5.4.9 安装 TOOLS（可选）

登录管理平台，为管理平台所在虚拟机安装 TOOLS，同步虚拟机时间后，可从"管理平台虚拟机-性能监控"界面查看相应的性能数据。

5.5 CNware 管理工具

5.5.1 登录验证

在 chrome 浏览器中输入管理平台访问链接"https://[管理平台 IPv6 地址]/#/main/"或 "https://[管理平台 IPv4 地址]/#/main/"，默认登录的用户名密码为 admin/passw0rd，"登录"界面如图 5-39 所示

图 5-39 "登录"界面

登录成功后，默认进入"管理平台概要"界面，如图 5-40 所示。

图 5-40 "管理平台概要"界面

5.5.2　添加资源

单击"云资源"按钮，"进入云资源"界面，如图 5-41 所示。

图 5-41　"云资源"界面

在"云资源"界面中选择"增加主机池"选项，弹出"增加主机池"对话框，如图 5-42 所示。

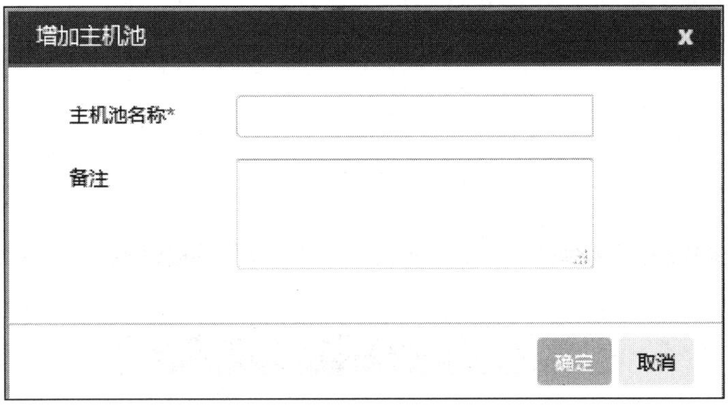

图 5-42　"增加主机池"对话框

在界面右上角的文本框中输入"主机池名称"，然后单击"确定"按钮，添加主机池成功，单击主机池，进入"主机池概要"界面，如图 5-43 所示。

在"主机池概要"界面中，单击"增加集群"按钮，如图 5-44 所示。系统弹出"增加集群"对话框，如图 5-45 所示。

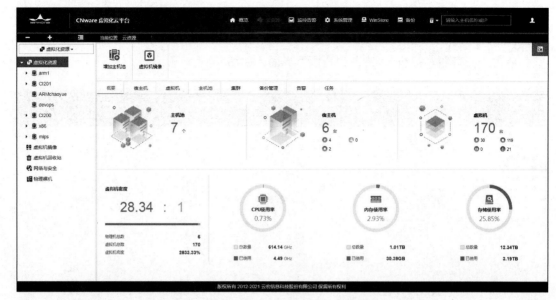

图 5-43　"主机池概要"界面

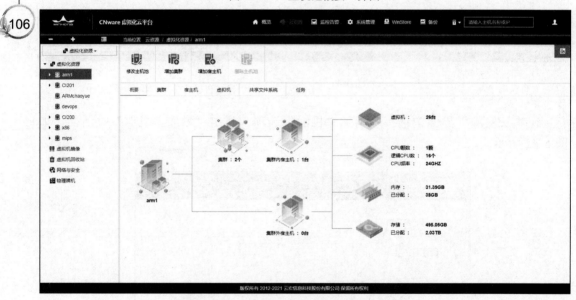

图 5-44　增加集群入口

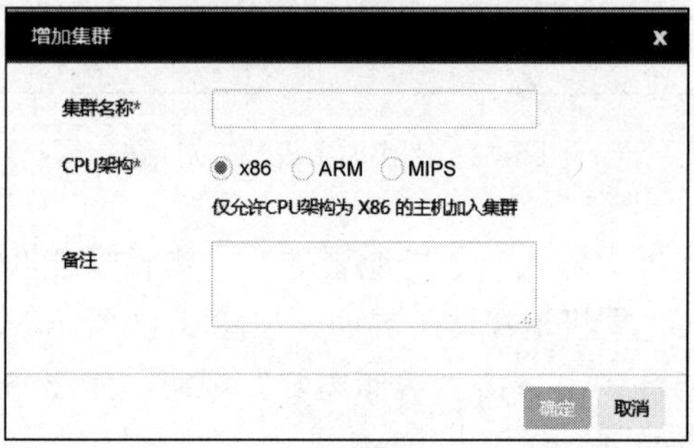

图 5-45　"增加集群"对话框

在"集群名称"文本框中输入集群名称，选择自己的 CPU 架构类型，单击"确定"按钮，"增加集群"对话框关闭。然后单击"集群节点"按钮，进入"集群概要"界面，如图 5-46 所示。

图 5-46　"集群概要"界面

在"集群概要"界面中，单击"增加主机"按钮，系统弹出"增加主机"对话框，如图 5-47 所示。

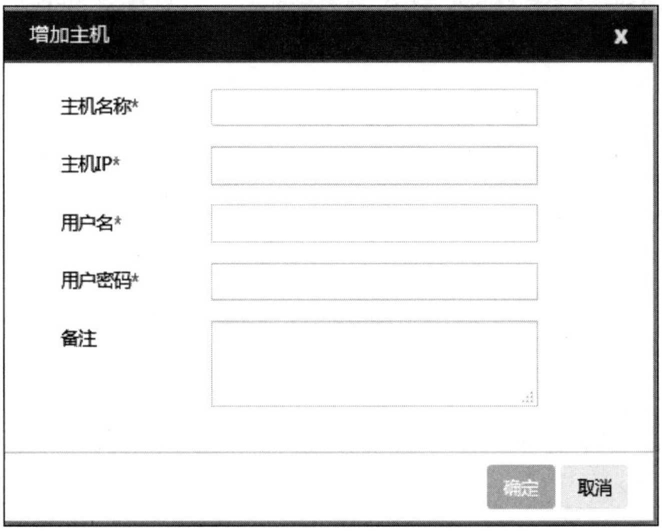

图 5-47　"增加主机"对话框

输入需要管理的"主机名称""主机 IP"，并输入对应的"用户名"和"用户密码"，然后单击"确定"按钮，"增加主机"对话框关闭。单击"主机节点"按钮，进入"主机概要"界面。主机（计算节点）可以纳管之前安装好的计算节点，如图 5-48 所示。

图 5-48 "主机概要"界面

5.5.3 上传虚拟机 ISO

使用 Winscp 类的 FTP 工具,上传虚拟机 ISO 至 ISO 库,查看 ISO 列表,将 ISO 上传至/vms/isos 目录下,如图 5-49 所示。Winscp 类的工具可到 Winscp 官网上下载。

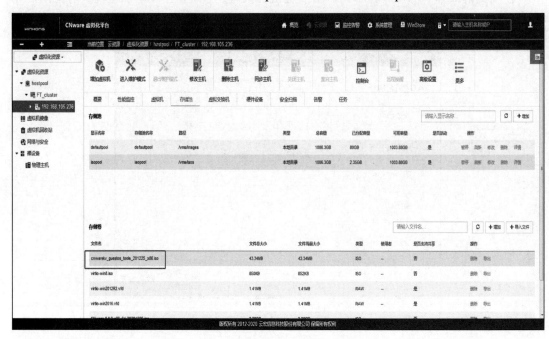

图 5-49 "ISO 列表"界面

5.5.4 添加虚拟机

在主机节点，单击"增加虚拟机"按钮，弹出"增加虚拟机"对话框，在基本信息栏中填写"显示名称""虚拟机名称""系统版本"等基本信息，并选择"系统类型"，然后单击"下一步"按钮，如图 5-50 所示。

图 5-50　基本信息设置

然后设置硬件信息，填写"CPU 总数""内存""磁盘""交换机""光驱"等硬件信息，然后单击"下一步"按钮，如图 5-51 所示。

图 5-51　硬件信息设置

说明：交换机、光驱都是通过单击输入右侧的 🔍 按钮，即可进入该主机的交换机和 ISO 列表，进而选择 ISO。

设置汇总信息，核对信息无误后，单击"确定"按钮，如图5-52所示。

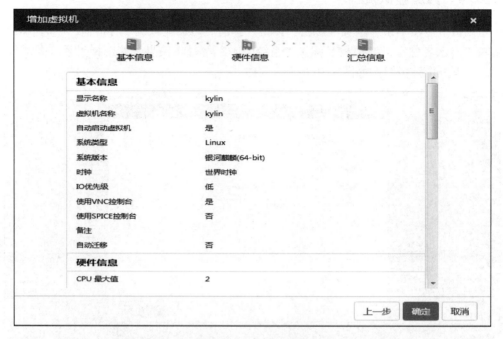

图 5-52 汇总信息设置

虚拟机创建成功后，启动虚拟机，如图5-53所示。

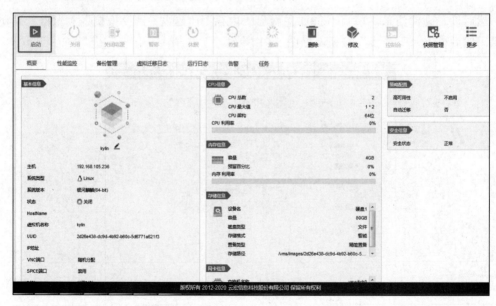

图 5-53 "启动虚拟机"界面

虚拟机启动成功后，进入虚拟机控制台，安装虚拟机操作系统，等待操作系统安装完毕，如图5-54所示。

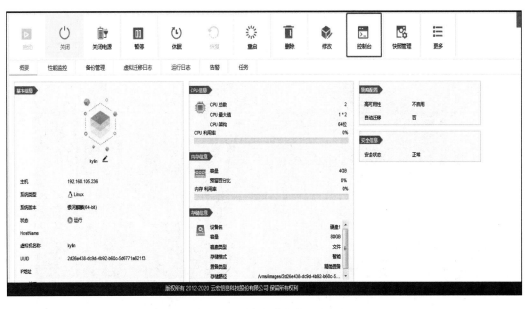

图 5-54　"安装虚拟机"界面

5.5.5　安装 WinServer Tools

操作系统安装完成后，单击"修改"按钮，进入"修改虚拟机"对话框，然后单击"光驱"选项，链接 WinServer Tools 的 ISO 给虚拟机，如图 5-55 所示。注意，先断开安装操作系统时挂载的 ISO，再链接 WinServer Tools 的 ISO，WinServer Tools 的 ISO 在存储池下。

注意：若虚拟机是 ARM 架构，选择标有 ARM 的 WinServer Tools；若虚拟机是 x86 架构，则选择标有 WinServer x86 的 Tools。

图 5-55　虚拟机挂载 WinServer Tools

打开虚拟机控制台，登录虚拟机，按以下步骤安装 WinServer Tools，"ARM 架构安装"界面如图 5-56 所示。"x86 架构安装"界面如 5-57 图所示。安装完成后，在 WinCenter 弹出虚拟光驱。

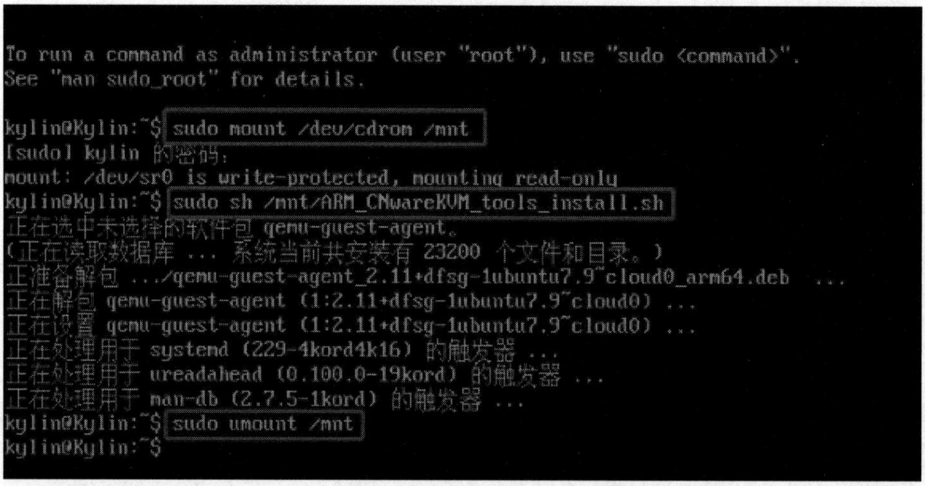

图 5-56　"ARM 架构安装"界面

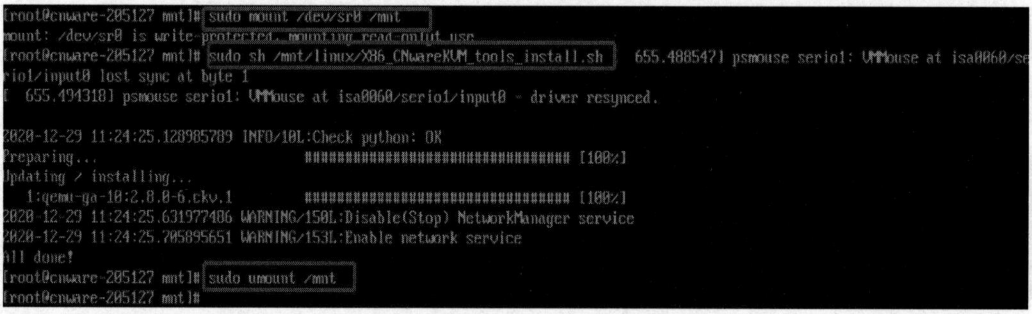

图 5-57　"x86 架构安装"界面

挂载命令如下。

```
sudo mount /dev/sr0 /mnt
```

ARM 架构执行安装命令如下。

```
sudo sh /mnt/ARM_CNwareKVM_tools_install.sh
```

x86 架构执行安装命令如下。

```
sudo sh /mnt/linux/X86_CNwareKVM_tools_install.sh
```

卸载命令如下。

```
sudo umount /mnt
```

注意：若虚拟机挂载其他 ISO 文件，则需要先断开链接，再执行链接文件。

若安装的是银河麒麟、Ubuntu 等系统，当用普通用户身份登录时，执行 sudo 命令；若用 root 用户登录，则不需要使用命令 sudo，中按步骤的命令执行；若安装的是 centos、redhat 等操作系统，默认安装的是 root 用户，则不需使用 sudo 命令；若虚拟机是 x86 架构的 Linux 系统，则在挂载 WinServer Tools 后到 Linux 目录下执行命令 sh。

"断开链接 WinServer Tools"界面如图 5-58 所示。

图 5-58 "断开链接 WinServer Tools"界面

5.6 项目实验

项目实验 6 部署镜像存储

1. 项目描述

(1) 项目背景。根据本章的学习情况,要求学生自己动手安装、部署镜像存储和镜像,克隆为镜像及修改虚拟机 IP。

(2) 任务内容。

第 1 部分:安装、部署镜像存储和镜像。

- 安装镜像存储。
- 部署镜像。

第 2 部分:克隆为镜像及修改虚拟机 IP。

- 克隆为镜像。
- 修改虚拟机 IP。

(3) 所需资源。

- 3 台主机(安装 Ubuntu 20.04 操作系统),并处于同一网段中。
- 1 台计算机(采用 Windows 7、 Windows 10 且支持终端模拟程序,如 putty,crt 等)。

2. 项目实施

步骤 1:镜像存储和镜像部署。在"云资源"界面中,单击"虚拟机镜像"按钮,如图 5-59 所示。弹出"虚拟机镜像列表和镜像存储"对话框,如图 5-60 所示。

在"虚拟机镜像"界面中,单击镜像后边对应的"部署"按钮,可以使用镜像部署虚拟机。然后切换至"镜像存储"界面,单击"增加"按钮,如图 5-61 所示。弹出"增加镜像存储"对话框,如图 5-62 所示。

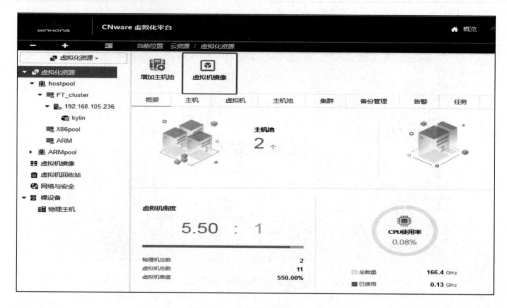

图 5-59　虚拟机镜像入口

图 5-60　"虚拟机镜像列表和镜像存储"对话框

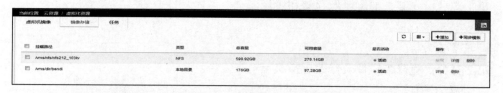

图 5-61　"镜像存储"界面

图 5-62　"增加镜像存储"对话框

在图 5-62 中，在"镜像存储类型"下拉框中选择"本地目录"，并在"目录名称"文本框中输入符合要求的目录名称，然后单击"确定"按钮，成功创建镜像存储。此时，系统右下角会弹出"新建平台存储本地目录[XXXXX]成功。"

步骤 2：克隆为镜像。Tools 安装完成后，在"虚拟机管理"界面中，单击"更多"选项卡，选择"克隆为镜像"选项，如图 5-63 所示。

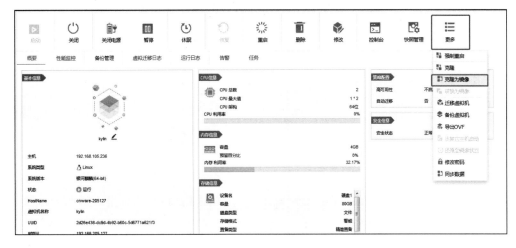

图 5-63　选择"克隆为镜像"选项

单击"克隆为镜像"选项，弹出"克隆为镜像"对话框，如图 5-64 所示。

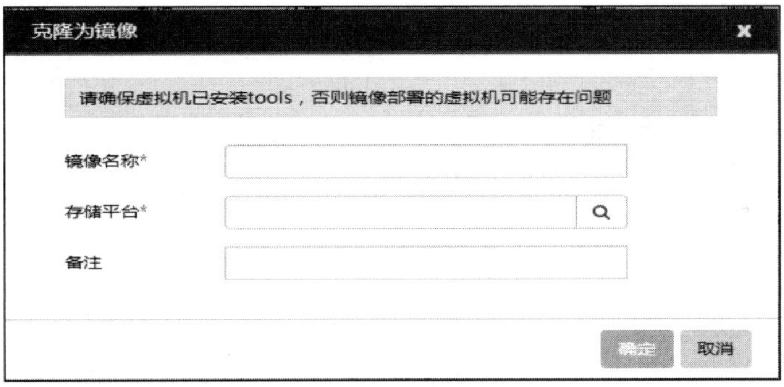

图 5-64　"克隆为镜像"对话框

在"镜像名称"文本框中输入镜像名称，单击"存储平台"文本框后面的 🔍 按钮，弹出"选择存储平台"对话框，如图 5-65 所示。

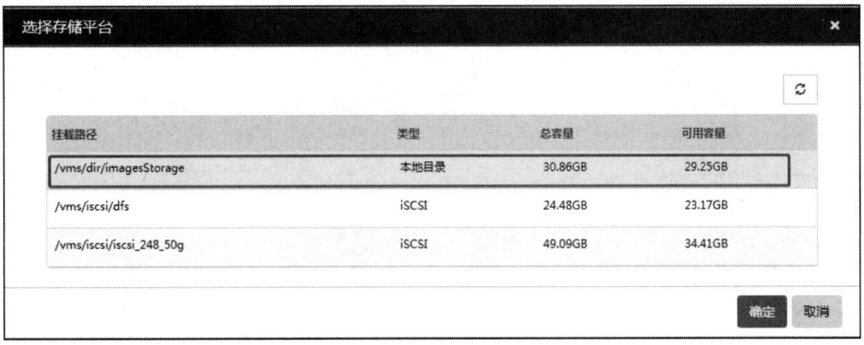

图 5-65　"选择存储平台"对话框

选择之前创建的本地目录存储路径，然后单击"确定"按钮，回到"克隆为镜像"对话框，如图 5-66 所示，单击"确定"按钮。等待克隆为镜像任务完成，右下角系统弹出"【xxxx】虚拟机克隆为镜像成功（在线）"。

图 5-66   "选择存储平台后的克隆为镜像"对话框

步骤 3：修改虚拟机 IP。Tools 安装完成后，单击"修改"按钮，单击"网卡"选项，勾选"CNwareTools 配置"复选框，填写"网卡 IP""子网掩码""默认网关"等信息，单击"应用"按钮，如图 5-67 所示。

图 5-67   "修改虚拟机"对话框

IP 设置完成后，可在"虚拟机概要"界面查看 IP 设置信息，如图 5-68 所示。

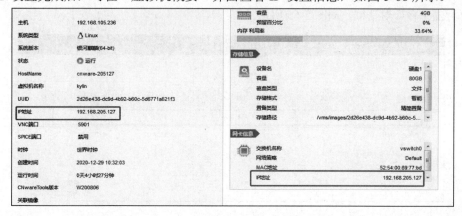

图 5-68   "虚拟机概要"界面

习 题 5

一、选择题

1. 虚拟化技术是实现（　　）的基础。

　　A．大数据　　　　　　　B．云计算　　　　　　C．人工智能　　　　　D．科学计算

2. 国家提出 "2+8" 安全可控战略。"8" 指关于国计民生的八大行业，下列不属于八大行业的是（　　）。

　　A．金融　　　　　　　　B．电信　　　　　　　C．石油　　　　　　　D．农业

3. 从整个 IT 基础架构来看，（　　）处于 "腰部" 位置，对下承载包括国产芯片、整机、操作系统等硬件基础设施，对上支持国产中间件、数据库等软件。

　　A．虚拟化　　　　　　　B．网络　　　　　　　C．硬件设备　　　　　D．数据

4. 在虚拟机上安装上传文件通过（　　）工具上传管理平台安装的 ISO 到计算节点指定的目录 /vms/isos/中。

　　A．FPT　　　　　　　　B．FTP　　　　　　　C．TPF　　　　　　　D．PFT

二、问答题

1. 八大国计民生行业在信创国产化替代进程中面临哪些挑战？

2. WinStack 虚拟化云平台套件主要由哪些组件组成？

第 6 章

OpenStack 虚拟化技术

OpenStack 是当今最具影响力的云计算管理工具。通过命令或者基于 Web 可视化控制面板来管理 IaaS 云端的资源池（服务器、存储和网络）。OpenStack 最先由美国国家航空航天局（NASA）和 RackSpace 在 2010 年合作研发，现在它的社区拥有超过 160 家企业、45 个国家及 800 名开发者，这些机构与个人将 OpenStack 作为基础设施即服务资源的通用前端。截至 2021 年 4 月，华为公司是基金会的 10 个白金会员之一。九州云、中国移动、中国电信、中国联通、H3C、浪潮、中兴、卓朗昆仑均是基金会 24 个黄金会员之一。

6.1 OpenStack 简介

6.1.1 OpenStack 的概念

OpenStack 是一个云操作系统，控制整个数据中心的大量计算、存储和网络资源池，这些都通过具有通用身份验证机制的 API 进行管理和调配。管理员控制仪表板，同时授权用户通过 Web 界面提供资源。除了标准的基础设施即服务功能，其他组件还提供协调、故障管理和服务管理等服务，以确保用户应用程序的高可用性。

OpenStack 是一个云平台管理的项目，不是一个软件。这个项目由几个主要的组件组合起来完成一些具体的工作。OpenStack 是一个旨在为公共及私有云的建设与管理提供软件的开源项目。

OpenStack 每半年升级一个版本，版本升级按照英文字母 A~Z 顺序发布，2021 年 4 月 14 日，发布的最新版本是 Wallaby 版。

6.1.2 OpenStack 的优势

OpenStack 成本相对较低。OpenStack 是一个开源项目，有全球众多厂商和爱好者支持，使其成为最低成本的开源堆栈，一些小的企业完全可以利用 OpenStack 部署自己的私有云。

OpenStack 成熟度不断提升。经过十多年的发展，关键模块已经应用到生产中，并且不断在应用中纠正错误和漏洞，使其成熟度不断提升。

已经有了大量的 OpenStack 人才储备。基于 OpenStack 的开源和众多厂商支持的特点，成熟度和应用范围使其应用资源非常丰富，相关企业培养了大量的 OpenStack 技术人才。

OpenStack 模块松耦合。与其他开源软件相比，OpenStack 模块分明，添加独立功能的组件非常简单。开发人员不需要通读整个 OpenStack 代码，只需要了解其接口规范及 API 使用，就可以轻松地添加一个新的模块。

OpenStack 组件配置较为灵活。OpenStack 可以全部都装在一台物理机上，也可以分散至多个物理机上，甚至可以把所有的节点都装在虚拟机中。

OpenStack 二次开发容易。OpenStack 发布的 OpenStack API 是 Rest-full API。其他所有组件也都是采种这种统一的规范。因此，对 OpenStack 进行二次开发比较简单。

6.2　OpenStack 架构

下面对 OpenStack 架构中核心组件进行解释。

（1）Nova。又被称为 OpenStack Compute，主要作用是控制虚拟机的创建，以及改变虚拟机的容量和配置，还可以做虚拟机的销毁，虚拟机的整个生命周期都是由 Nova 来控制的。

一般将 Nova 部署到计算节点上，在实验环境中也可部署在 Controller 节点上运行。

（2）Cinder。Cinder 组件主要的用途是提供块存储服务，最核心的两个部分是 Scheduler 和 Cinder Volume。当有读/写存储服务请求时，Scheduler 决定请求通过哪个 Cinder Volume 进行读取操作，Cinder Volume 是实际控制存储的设备。

（3）Neutron。管理网络资源，提供一组应用编程接口（API），用户可以调用它们来定义网络（如 VLAN），并把定义好的网络附加给租户。Networking 是一个插件式结构，支持当前主流的网络设备和最新网络技术。

（4）Swift。从 OpenStack 诞生就有 Swift 组件，NoSQL 数据库为虚拟机提供非结构化数据存储，它把相同的数据存储在多台计算机上，以确保数据不会丢失。用户可通过 RESTful 和 HTTP 类型的 API 来与它通信。

（5）Glance。存取虚拟机磁盘镜像文件，Compute 服务在启动虚拟机时需要从 Glance 获取镜像文件。这个组件不同于上面的 Swift 和 Cinder，这两者提供的存储是在虚拟机中使用的。

（6）Keystone。为其他服务提供身份验证、权限管理、令牌管理及服务名册管理。若要使用云计算的所有用户事先需要在 Keystone 中建立账号、设置密码，并定义权限（注意：这里的"用户"不是指虚拟机里的系统账户，如 Windows 中的 Administrator）。另外，OpenStack 服务（如 Nova、Neutron、Swift、Cinder 等）也要在里面注册，并且登记具体的 API，Keystone 本身也要注册和登记 API。

其他组件在这里不一一详述，在以后的学习中体会其应用。OpenStack 架构图如图 6-1 所示。

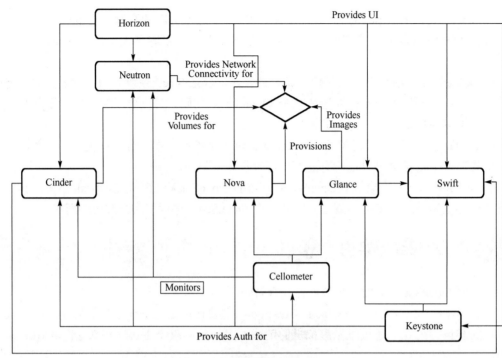

图 6-1　OpenStack 架构图

6.3　OpenStack 应用案例

OpenStack 的应用非常广泛，中国邮政、中国铁路、中国移动等企业业务均已经移植到 OpenStack 上应用，下面举几个典型应用案例。

中国邮政储蓄银行（PSBC）是规模最大、网点最多、覆盖面最广、客户数量最多的商业银行。PSBC 拥有 4 万多个网点，拥有近 4.9 亿客户，其业务覆盖了中国的城乡地区。从 2015 年下半年起，PSBC 使用 OpenStack 构建其移动互联网服务平台，提供小额消费贷款、移动银行、自助银行应用等服务，这些系统当前正在 OpenStack 平台上运行。通过开放堆栈，PSBC 逐渐将大量客户从离线转移到在线，提供互联网银行服务。PSBC 的开放堆栈环境目前有 150 个节点，并且正在计划一个拥有大约 650 个节点的更大的平台。

2014 年年底，中国铁路开始开发基于 OpenStack 的开源云解决方案，经过开发、测试和验证，2015 年，发布中国云操作系统 V1.0，2016 年 7 月，发布 V2.0。私有云是中国铁路的主要云，已部署在大约 5000 个物理服务器节点上，包括大约 800 个 KVM 节点和大约 730 个虚拟软件节点；20 个 PBSAN 存储和 3 个 PB 分布式存储（Ceph）。2017 年年底，部署另外 2000 个物理服务器节点。到目前为止，OpenStack 云平台一期部署了 800 个物理服务器节点，通过超压测试，承载 10 万虚拟机，生产系统使用了 1000 多台。

中国铁路在其云操作系统上部署了十几个关键任务应用程序，包括铁路客运和货运、调度管理、机车管理和公共基础设施平台。

6.4　项目实验

6.4.1　项目实验 7　部署 OpenStack 云平台

1. 项目描述

（1）项目背景。基于业务需求，某 IT 公司计划利用 OpenStack 创建自己的私有云平台，随后业务放在云平台上运行，技术人员需要创建 OpenStack 平台。

（2）拓扑。采用两台已经安装好操作系统的 Ubuntu 系统，并配置好网络，能与互联网正常通信，也可以通过在 VMware WorkStation 上安装虚拟机的方式实现。按照本案例配置，所有需要用到的密码均采用"adminroot"，若计算节点和控制节点均安装在 VMware WorkStation 上，则需要打开 CPU 虚拟化，第一块网卡采用 NAT 设置，IP 网段更改为 10.16.132.0/24 网段，第二块网卡采用 LAN 调协，不用设置 IP 地址。拓扑结构如图 6-2 所示。

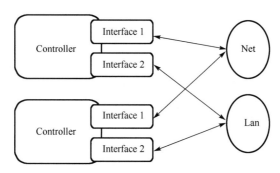

图 6-2　拓扑结构

（3）主机地址分配。主机地址分配表如表 6-1 所示。

表 6-1　主机地址分配表

节点角色	主机名称	IP 地址	子网掩码	默认网关
控制节点	controller	10.16.132.61	255.255.255.0	10.16.132.254
计算机点	computer	10.16.132.62	255.255.255.0	10.16.132.254

（4）任务内容。

第 1 部分：环境设计。

- 网络设置。
- 配置时间同步。

第 2 部分：安装基础服务。

- 安装 OpenStack 软件包。
- 安装和配置数据库。

- 安装消息服务。
- 安装缓存服务。
- 安装 ETCD 服务。

第 3 部分：安装 OpenStack 核心组件数据库和对数据库授权。

- 登录数据库。
- 创建 keystone 数据库并授权。
- 创建 glance 数据库并授权。
- 创建计算（nova）数据库并授权。
- 创建 neutron 数据库并授权。

第 4 部分：安装和配置 OpenStack 核心组件。

- 设置环境变量。
- 安装和配置 keystone 组件。
- 安装和配置 glance 组件。
- 安装和配置计算（nova）组件。
- 安装和配置 neutron 组件。
- 安装和配置 horizon 组件。

（5）所需资源。

- 2 台主机（安装 Ubuntu 20.04 操作系统），能与互联网通信，也可以采用虚机实现。
- 1 台计算机（采用 Windows 7、 Windows 10 且支持终端模拟程序，如 putty，crt 等）。

2. 项目实施

第 1 部分：环境配置。

步骤 1：网络设置。配置 controller 和 computer 主机的网卡配置文件。

（1）网卡配置。首先备份配置文件，然后修改配置文件操作过程如下。

```
root@controller:/etc/netplan#  cp  00-installer-config.yaml  00-installer-config.yaml.bk
root@controller:/etc/netplan# vim 00-installer-config.yaml
network:
  ethernets:
   ens160:
    addresses:
    - 10.16.132.61/24
    gateway4: 10.16.132.254
    nameservers:
     addresses:
     - 192.168.112.253
   ens192:
       dhcp4: no
       dhcp6: no
  version: 2
```

122

　　配置 computer 主机的网卡配置文件参考 controller 网卡配置文件的配置，IP 地址改为10.16.132.62，其他参数不需要改变。

　　（2）应用和查看网络信息。首先使用 netplan apply 命令使网卡配置生效，然后查看网络信息。计算节点和控制节点分别执行，若有错误，则需要重新检查网卡配置文件。本例在控制节点上演示。

```
root@controller:/etc# netplan apply
root@controller:~# ip a
```

　　（3）DNS 配置。修改/etc/systemd/resolved.conf 文件，采用组织内的 DNS 服务器，或者设置公共 DNS 服务器，设置完成后重新启动 systemd-resolved.service 服务。

```
root@computer:/etc# vim /etc/systemd/resolved.conf
 [Resolve]
DNS=192.168.112.253
```

利用 systemd-resolved.service 重新服务。

```
root@computer:/etc# systemctl restart systemd-resolved.service
```

　　（4）修改 hosts 文件。修改计算节点和控制节点的 hosts 文件，保证能正确通过名称解析，基本方法是先备份再修改，操作如下。

```
root@controller:/etc# cp hosts hosts.20210305
root@controller:/etc# vi hosts
127.0.0.1 localhost
10.16.132.61 controller
10.16.132.62 computer
root@computer:/etc# cp hosts hosts.20210305
root@computer:/etc# vi hosts
127.0.0.1 localhost
127.0.1.1 computer
10.16.132.61 controller
10.16.132.62 computer
```

　　（5）测试。修改完 hosts 文件后，分别在计算节点和控制节点通过名称 ping 测试连通性，并测试到互联网的连通性，若不通，则需要检查前面配置。最后分别在计算节点和控制节点上进行更新。

```
root@controller:/etc# ping computer -c 3
root@controller:/etc# ping controller -c 3
root@controller:/etc# ping www.baidu.com -c 3
root@computer:/etc# ping computer -c 3
root@computer:/etc# ping controller -c 3
root@computer:/etc# ping www.baidu.com -c 3
```

　　分别在计算节点和控制节点上进行更新。

```
root@controller:~# apt update
root@computer:/etc# apt update
```

步骤 2：配置时间同步。配置时间同步的目的是集群中时间统一，消息传递保证有统一标准的时间戳，否则系统无法正常工作。这里设置控制节点采用国家授时中心时间，计算节点采用控制节点时间。

（1）控制节点配置 chrony 服务。首先在控制节点上配置 chrony 服务和修改配置文件，然后在计算节点上配置 chrony 服务和修改配置文件，时间源设置为控制节点 IP 地址。

① 安装 chrony 服务。

```
root@controller:~# apt install -y chrony
```

② 修改配置文件。修改 chrony.conf 文件中 server 部分，注销其他 server 部分参数，然后重启服务，并查看时间源。

```
root@controller:/etc/chrony# vi chrony.conf
server 210.72.145.44 iburst
server controller iburst
```

服务重启并查看服务状态。

```
root@controller:/etc/chrony# systemctl restart chrony
root@controller:/etc/chrony# chronyc sources
210 Number of sources = 2
MS Name/IP address         Stratum Poll Reach LastRx Last sample
===============================================================================
^? 210.72.145.44           0    8    0      -    +0ns[ +0ns] +/-    0ns
^? controller              0    8    0      -    +0ns[ +0ns] +/-    0ns
```

（2）控制节点配置 chrony 服务。

① 安装 chrony 服务。

```
root@computer:~# apt install chrony
```

② 修改配置文件。修改 chrony.conf 文件中 server 部分，注销其他 server 部分参数，然后重启服务，并查看时间源。

```
root@computer:/etc/chrony# vi chrony.conf
server controller iburst
root@computer:/etc/chrony# service chrony restart
root@computer:/etc/chrony# chronyc sources
210 Number of sources = 1
MS Name/IP address         Stratum Poll Reach LastRx Last sample
=============================================================
^? controller              0    7    0      -    +0ns[ +0ns] +/-    0ns
```

第 2 部分：安装基础服务。

步骤 1：安装 OpenStack 软件包。这里安装 OpenStack 软件包的 Victoria 版，先进行源更新，然后安装软件包。

（1）更新。在计算节点和控制节点上分别进行源更新。

```
root@controller:~# apt update
root@computer:~# apt update
```

（2）安装 OpenStack 软件包。在计算节点和控制节点上分别进行安装，然后再进行更新，需要安装一些数据包，需要等待一段时间。

```
root@controller:~# add-apt-repository cloud-archive:victoria
root@computer:~# add-apt-repository cloud-archive:victoria
root@controller:~# apt update && apt dist-upgrade
root@computer:~# apt update && apt dist-upgrade
root@computer:~# apt install python3-openstackclient
root@controller:~# apt install python3-openstackclient
```

步骤 2：安装和配置数据库。OpenStack 核心组件的数据信息均通过数据库保存管理。若需要安装和配置数据库，则在控制节点上执行。

（1）安装数据库。

```
root@controller:~#  apt install mariadb-server python3-pymysql
```

（2）修改配置文件。修改 99-openstack.cnf 文件，将 bind-address 地址设置为 10.16.132.61，其他参数为默认值。

```
root@controller:~# vi /etc/mysql/mariadb.conf.d/99-openstack.cnf
[mysqld]
bind-address = 10.16.132.61
```

（3）启动数据库服务并设置安全选项。

```
root@controller:~#  service mysql restart
root@controller:~#  mysql_secure_installation
```

根据提示设置对应参数，此处省略。

步骤 3：安装消息服务。

（1）在控制节点安装。

```
root@controller:~#  apt install rabbitmq-server
```

（2）添加用户和设置权限。

```
root@controller:~# rabbitmqctl add_user openstack adminroot
Adding user "openstack" ...
root@controller:~# rabbitmqctl set_permissions openstack ".*" ".*" ".*"
Setting permissions for user "openstack" in vhost "/" ...
```

步骤 4：安装缓存服务。

（1）安装缓存服务。

```
root@controller:~# apt install memcached python3-memcache
```

（2）修改配置文件。首先对配置文件进行备份，然后设置监听的 IP 地址，这里设置为 10.16.132.61，其他参数不变。

```
root@controller:~# cp /etc/memcached.conf /etc/memcached.conf.bk
root@controller:~# vi /etc/memcached.conf
-l 10.16.132.61
```

（3）重启服务。

```
root@controller:~# service memcached restart
```

步骤 5：安装 ETCD 服务。
（1）安装 ETCD 服务组件。

```
root@controller:~# apt install etcd
```

（2）修改 ETCD 服务配置文件。

```
root@controller:/etc/default# vi etcd
ETCD_NAME="controller"
ETCD_DATA_DIR="/var/lib/etcd"
ETCD_INITIAL_CLUSTER_STATE="new"
ETCD_INITIAL_CLUSTER_TOKEN="etcd-cluster-01"
ETCD_INITIAL_CLUSTER="controller=http://10.16.132.61:2380"
ETCD_INITIAL_ADVERTISE_PEER_URLS="http://10.16.132.61:2380"
ETCD_ADVERTISE_CLIENT_URLS="http://10.16.132.61:2379"
ETCD_LISTEN_PEER_URLS="http://0.0.0.0:2380"
ETCD_LISTEN_CLIENT_URLS="http://10.16.132.61:2379"
```

（3）设置开机启动和重启 ETCD 服务。

```
root@controller:/etc/default#  systemctl enable etcd
root@controller:/etc/default# systemctl restart etcd
```

第 2 部分：安装 OpenStack 核心组件数据库并对数据库进行授权。
步骤 1：登录数据库。

```
root@controller:~# mysql -u root -p
```

步骤 2：创建 Keystone 数据库并授权。

```
MariaDB [(none)]> CREATE DATABASE keystone;
MariaDB [(none)]> GRANT ALL PRIVILEGES ON keystone.* TO 'keystone'@
'localhost' IDENTIFIED BY 'adminroot';
MariaDB [(none)]> GRANT ALL PRIVILEGES ON keystone.* TO 'keystone'@
'%' IDENTIFIED BY 'adminroot';
```

步骤 3：创建 Glance 数据库并授权。

```
MariaDB [(none)]> CREATE DATABASE glance;
MariaDB [(none)]>    GRANT  ALL  PRIVILEGES  ON  glance.*  TO
'glance'@'localhost' IDENTIFIED BY 'adminroot';
```

```
MariaDB [（none）]> GRANT ALL PRIVILEGES ON glance.* TO 'glance'@'%'
IDENTIFIED BY 'adminroot';
```

步骤 4：创建计算（Nova）数据库并授权。

```
MariaDB [（none）]> CREATE DATABASE nova_api;
MariaDB [（none）]> CREATE DATABASE nova;
MariaDB [（none）]> CREATE DATABASE nova_cell0;
MariaDB [（none）]> GRANT ALL PRIVILEGES ON nova_api.* TO 'nova'@
'localhost' IDENTIFIED BY 'adminroot';
MariaDB [（none）]> GRANT ALL PRIVILEGES ON nova_api.* TO 'nova'@'%'
IDENTIFIED BY 'adminroot';
MariaDB [（none）]> GRANT ALL PRIVILEGES ON nova.* TO 'nova'@
'localhost' IDENTIFIED BY 'adminroot';
MariaDB [（none）]> GRANT ALL PRIVILEGES ON nova.* TO 'nova'@'%'
IDENTIFIED BY 'adminroot';
MariaDB [（none）]> GRANT ALL PRIVILEGES ON nova_cell0.* TO 'nova'@
'localhost' IDENTIFIED BY 'adminroot';
MariaDB [（none）]> GRANT ALL PRIVILEGES ON nova_cell0.* TO 'nova'@
'%' IDENTIFIED BY 'adminroot';
```

步骤 5：创建 Neutron 数据库并授权。

```
MariaDB [（none）]>CREATE DATABASE neutron;
MariaDB [（none）]> GRANT ALL PRIVILEGES ON neutron.* TO 'neutron'@
'localhost' IDENTIFIED BY 'adminroot';
MariaDB [（none）]> GRANT ALL PRIVILEGES ON neutron.* TO 'neutron'@
'%' IDENTIFIED BY 'adminroot';
MariaDB [（none）]> quit
```

第 4 部分：安装和配置 OpenStack 核心组件。

步骤 1：设置环境变量。

```
root@controller:/# mkdir openrc
root@controller:/openrc# vi admin-openrc
export OS_PROJECT_DOMAIN_NAME=Default
export OS_USER_DOMAIN_NAME=Default
export OS_PROJECT_NAME=admin
export OS_USERNAME=admin
export OS_PASSWORD=adminroot
export OS_AUTH_URL=http://controller:5000/v3
export OS_IDENTITY_API_VERSION=3
export OS_IMAGE_API_VERSION=2
```

步骤 2：安装和配置 keystone 组件。

（1）安装 Keystone 相关软件包。

```
root@controller:~# apt install keystone apache2 libapache2-mod-wsgi-py3
```

（2）修改 Keystone 配置文件。先备份，然后修改如下信息，其他参数不做修改。

```
root@controller:/etc/keystone# cp keystone.conf    keystone.conf.20210315
root@controller:/etc/keystone#vi keystone.conf
[DEFAULT]
log_dir = /var/log/keystone
[database]
connection = mysql+pymysql://keystone:adminroot@controller/keystone
```

（3）填充数据库。

```
root@controller:~# su -s /bin/sh -c "keystone-manage db_sync" keystone
```

（4）初始化数据。

```
root@controller:~# keystone-manage fernet_setup --keystone-user keystone
--keystone-group keystone
root@controller:~# keystone-manage credential_setup --keystone-user keystone
--keystone-group keystone
root@controller:~#  keystone-manage  bootstrap  --bootstrap-password
adminroot \
    --bootstrap-admin-url http://controller:5000/v3/ \
    --bootstrap-internal-url http://controller:5000/v3/ \
    --bootstrap-public-url http://controller:5000/v3/ \
    --bootstrap-region-id RegionOne
```

（5）编辑 Apache 配置文件。

```
vi /etc/apache2/apache2.conf
ServerName controller
```

（6）重启 Apache2 服务。

```
root@controller:~# service apache2 restart
```

（7）创建项目。

```
root@controller:/openrc# . admin-openrc
root@controller:/openrc# openstack project create --domain default -
-description "Service Project" service
```

步骤 3：安装和配置 Glance 组件。

（1）创建用户并添加 Admin 角色。

```
root@controller:~# openstack user create --domain default --password-
prompt glance
root@controller:~# openstack role add --project service --user glance
admin
```

（2）创建服务。

```
root@controller:~#  openstack  service  create  --name  glance  --
description "OpenStack Image" image
root@controller:~#  openstack  endpoint  create  --region  RegionOne
image public http://controller:9292
root@controller:~#  openstack  endpoint  create  --region  RegionOne
```

128

```
image internal http://controller:9292
        root@controller:~# openstack endpoint create --region RegionOne
image admin http://controller:9292
```

（3）安装 Glance 服务组件。

```
        root@controller:~# apt install glance
```

（4）修改 /etc/glance/glance-api.conf 配置文件。先备份，然后修改如下信息，其他参数不做修改。

```
        root@controller:~# cp /etc/glance/glance-api.conf/etc/glance/glance-
api.conf.20210319
        root@controller:~# vi /etc/glance/glance-api.conf
        [database]
        connection = mysql+pymysql://glance:adminroot@controller/glance
        backend = sqlalchemy
        [glance_store]
        stores = file,http
        default_store = file
        filesystem_store_datadir = /var/lib/glance/images/
        [image_format]
        disk_formats =
ami,ari,aki,vhd,vhdx,vmdk,raw,qcow2,vdi,iso,ploop.root-tar
        [keystone_authtoken]
        www_authenticate_uri = http://controller:5000
        auth_url = http://controller:5000
        memcached_servers = controller:11211
        auth_type = password
        project_domain_name = Default
        user_domain_name = Default
        project_name = service
        username = glance
        password = adminroot
        [paste_deploy]
        flavor = keystone
```

（5）填充数据库。

```
        root@controller:~# su -s /bin/sh -c "glance-manage db_sync" glance
```

（6）重启 Glance 服务。

```
        root@controller:~# service glance-api restart
```

（7）下载测试镜像。

```
        root@controller:~# wget http://download.cirros-cloud.net/0.4.0/cirros-
0.4.0-x86_64-disk.img
```

129

（8）上传镜像。

```
root@controller:~# . /openrc/admin-openrc
root@controller:~# glance image-create --name "cirros" --file
cirros-0.4.0-x86_64-disk.img --disk-format qcow2 --container-format bare --
visibility=public
```

步骤 4：安装和配置计算（Nova）组件。安装和配置计算（Nova）组件，下面步骤
（1）～（6）均在控制节点上执行，步骤（7）～（9）均在计算节点上执行。

（1）创建用户和添加角色。

```
root@controller:~# . /openrc/admin-openrc
root@controller:~# openstack user create --domain default --
password-prompt nova
root@controller:~# openstack role add --project service --user nova
admin
root@controller:~# openstack user create --domain default --
password-prompt placement
root@controller:~# openstack role add --project service --user
placement admin
```

（2）创建 Compute 服务。

```
root@controller:~# openstack service create --name nova --description
"OpenStack Compute" compute
root@controller:~# openstack endpoint create --region RegionOne \
>   compute public http://controller:8774/v2.1
root@controller:~# openstack endpoint create --region RegionOne \
>   compute internal http://controller:8774/v2.1
root@controller:~# openstack endpoint create --region RegionOne \
>   compute admin http://controller:8774/v2.1
root@controller:~# openstack service create --name placement \
>   --description "Placement API" placement
root@controller:~# openstack endpoint create --region RegionOne \
>   placement public http://controller:8778
root@controller:~# openstack endpoint create --region RegionOne \
>   placement internal http://controller:8778
root@controller:~# openstack endpoint create --region RegionOne \
>   placement admin http://controller:8778
```

（3）安装组件。

```
root@controller:~# apt install nova-api nova-conductor nova-
novncproxy nova-scheduler placement-api
```

（4）配置/etc/nova/nova.conf 和/etc/placement/placement.conf 配置文件。先备份，然后
修改如下信息，其他参数不做修改。

```
root@controller:~#cp /etc/nova/nova.conf /etc/nova/nova.conf.bk
root@controller:~#vi /etc/nova/nova.conf
[DEFAULT]
log_dir = /var/log/nova
lock_path = /var/lock/nova
```

```
state_path = /var/lib/nova
transport_url = rabbit://openstack:adminroot@controller:5672/
my_ip = 10.16.132.61
[api]
auth_strategy = keystone
[api_database]
connection = mysql+pymysql://nova:adminroot@controller/nova_api
[cinder]
os_region_name = RegionOne
[database]
connection = mysql+pymysql://nova:adminroot@controller/nova
[glance]
api_servers = http://controller:9292
[keystone_authtoken]
www_authenticate_uri = http://controller:5000/
auth_url = http://controller:5000/
memcached_servers = controller:11211
auth_type = password
project_domain_name = Default
user_domain_name = Default
project_name = service
username = nova
password = adminroot
[neutron]
auth_url = http://controller:5000
auth_type = password
project_domain_name = default
user_domain_name = default
region_name = RegionOne
project_name = service
username = neutron
password = adminroot
service_metadata_proxy = true
metadata_proxy_shared_secret = adminroot
[oslo_concurrency]
lock_path = /var/lib/nova/tmp
[placement]
region_name = RegionOne
project_domain_name = Default
project_name = service
auth_type = password
user_domain_name = Default
auth_url = http://controller:5000/v3
username = placement
password = adminroot
[vnc]
enabled = true
server_listen = 10.16.132.61
server_proxyclient_address = 10.16.132.61
[cells]
enable = False
```

```
root@controller:~#cp /etc/placement/placement.conf /etc/placement/placement.
conf.bk
        root@controller:~#vi /etc/placement/placement.conf
        [api]
        auth_strategy = keystone
        [keystone_authtoken]
        auth_url = http://controller:5000/v3
        memcached_servers = controller:11211
        auth_type = password
        project_domain_name = Default
        user_domain_name = Default
        project_name = service
        username = placement
        password = adminroot
        [placement_database]
        connection = mysql+pymysql://placement:adminroot@controller/placement
```

（5）填充数据库。

```
        root@controller:~#su -s /bin/sh -c "nova-manage api_db sync" nova
        root@controller:~#su -s /bin/sh -c "nova-manage cell_v2 map_cell0" nova
        root@controller:~#su -s /bin/sh -c "nova-manage cell_v2 create_cell
--name=cell1 --verbose" nova
        root@controller:~#su -s /bin/sh -c "nova-manage db sync" nova
        root@controller:~#su -s /bin/sh -c "nova-manage cell_v2 list_cells" nova
        root@controller:~#su -s /bin/sh -c "placement-manage db sync" placement
```

（6）重启服务。

```
        root@controller:~#service nova-api restart
        root@controller:~#service nova-scheduler restart
        root@controller:~#service nova-conductor restart
        root@controller:~#service nova-novncproxy restar
        root@controller:~#service apache2 restart
```

（7）在计算节点上安装计算服务。

```
        apt install nova-compute
```

（8）在计算节点上修改/etc/nova/nova.conf 和/etc/nova/nova-compute.conf 配置文件。先备份，然后修改如下信息，其他参数不做修改。

```
        root@controller:~#cp /etc/nova/nova.conf /etc/nova/nova.conf.bk
        root@controller:~#vi /etc/nova/nova.conf
        [DEFAULT]
        log_dir = /var/log/nova
        lock_path = /var/lock/nova
        state_path = /var/lib/nova
        transport_url = rabbit://openstack:adminroot@controller
        [api]
        auth_strategy = keystone
        [cinder]
        os_region_name = RegionOne
        [glance]
```

```
api_servers = http://controller:9292
[keystone_authtoken]
www_authenticate_uri = http://controller:5000/
auth_url = http://controller:5000/
memcached_servers = controller:11211
auth_type = password
project_domain_name = Default
user_domain_name = Default
project_name = service
username = nova
password = adminroot
[neutron]
auth_url = http://controller:5000
auth_type = password
project_domain_name = default
user_domain_name = default
region_name = RegionOne
project_name = service
username = neutron
password = adminroot
[oslo_concurrency]
lock_path = /var/lib/nova/tmp
[placement]
region_name = RegionOne
project_domain_name = Default
project_name = service
auth_type = password
user_domain_name = Default
auth_url = http://controller:5000/v3
username = placement
password = adminroot
[vnc]
enabled = true
server_listen = 0.0.0.0
server_proxyclient_address = 10.16.132.62
novncproxy_base_url = http://controller:6080/vnc_auto.html
[cells]
enable = False
root@controller:~#vi /etc/nova/nova-compute.conf
[DEFAULT]
compute_driver=libvirt.LibvirtDriver
[libvirt]
virt_type=kvm
```

（9）重启计算服务。

```
root@controller:~#service nova-compute restart
```

（10）在控制节点上，确认计算节点和更新数据库。

```
root@controller:~# . /openrc/admin-openrc
root@controller:~#openstack compute service list --service nova-compute
root@controller:~#su -s /bin/sh -c "nova-manage cell_v2 discover_hosts -
-verbose" nova
```

步骤 5：安装和配置 Neutron 组件。安装和配置 Neutron 组件，下面步骤（1）～（7）均在控制节点上执行，步骤（8）～（13）均在计算节点上执行。

（1）创建用户和添加角色。

```
      root@controller:~#openstack user create --domain default --password-
prompt neutron
      root@controller:~#openstack role add --project service --user neutron
admin
```

（2）创建和配置服务。

```
      root@controller:~#openstack service create --name neutron \
        --description "OpenStack Networking" network
      root@controller:~#openstack endpoint create --region RegionOne \
        network public http://controller:9696
      root@controller:~#openstack endpoint create --region RegionOne \
        network internal http://controller:9696
      root@controller:~#openstack endpoint create --region RegionOne \
        network admin http://controller:9696
```

（3）安装网络服务组件。

```
      root@controller:~#apt  install  neutron-server  neutron-plugin-ml2
neutron-linuxbridge-agent neutron-dhcp-agent neutron-metadata-agent
```

（4）修改配置文件。先备份配置文件，然后修改如下信息，其他参数不做修改。

```
      root@controller:~#cp /etc/neutron/neutron.conf /etc/neutron/neutron.conf.bk
      root@controller:~#vi /etc/neutron/neutron.conf
      [DEFAULT]
      core_plugin = ml2
      service_plugins = router
      allow_overlapping_ips = true
      transport_url = rabbit://openstack:adminroot@controller
      auth_strategy = keystone
      notify_nova_on_port_status_changes = true
      notify_nova_on_port_data_changes = true
      [agent]
      root_helper = "sudo /usr/bin/neutron-rootwrap /etc/neutron/rootwrap.conf"
      [database]
      connection = mysql+pymysql://neutron:adminroot@controller/neutron
      [keystone_authtoken]
      www_authenticate_uri = http://controller:5000
      auth_url = http://controller:5000
      memcached_servers = controller:11211
      auth_type = password
      project_domain_name = default
      user_domain_name = default
      project_name = service
      username = neutron
      password = adminroot
      [nova]
      auth_url = http://controller:5000
      auth_type = password
```

```
        project_domain_name = default
        user_domain_name = default
        region_name = RegionOne
        project_name = service
        username = nova
        password = adminroot
        [oslo_concurrency]
        lock_path = /var/lib/neutron/tmp
        root@controller:~#cp   /etc/neutron/plugins/ml2/ml2_conf.ini   /etc/neutron/
plugins/ml2/ml2_conf.ini.bk
        root@controller:~#vi /etc/neutron/plugins/ml2/ml2_conf.ini
        [ml2]
        type_drivers = flat,vlan,vxlan
        tenant_network_types = vxlan
        mechanism_drivers = linuxbridge,l2population
        extension_drivers = port_security
        [ml2_type_flat]
        flat_networks = provider
        [ml2_type_vxlan]
        vni_ranges = 1:1000
        [securitygroup]
        enable_ipset = true
        root@controller:~#cp   /etc/neutron/plugins/ml2/linuxbridge_agent.ini
/etc/neutron/plugins/ml2/linuxbridge_agent.ini.bk
        root@controller:~#vi /etc/neutron/plugins/ml2/linuxbridge_agent.ini
        [linux_bridge]
        physical_interface_mappings = provider:ens160
        [securitygroup]
        firewall_driver = neutron.agent.linux.iptables_firewall.IptablesFirewallDriver
        enable_security_group = true
        [vxlan]
        enable_vxlan = true
        local_ip = 10.16.132.61
        l2_population = true
        root@controller:~#cp /etc/neutron/dhcp_agent.ini /etc/neutron/dhcp_agent.ini.bk
        root@controller:~#vi /etc/neutron/dhcp_agent.ini
        [DEFAULT]
        interface_driver = linuxbridge
        dhcp_driver = neutron.agent.linux.dhcp.Dnsmasq
        enable_isolated_metadata = true
        root@controller:~#cp                    /etc/neutron/metadata_agent.ini
/etc/neutron/metadata_agent.ini.bk
        root@controller:~#vi /etc/neutron/metadata_agent.ini
        [DEFAULT]
        nova_metadata_host = controller
        metadata_proxy_shared_secret = adminroot
```

（5）设置过滤。

```
        root@controller:~# vi /etc/sysctl.conf
        net.bridge.bridge-nf-call-iptables=1
        net.bridge.bridge-nf-call-ip6tables=1
```

（6）填充数据库。

```
    su -s /bin/sh -c "neutron-db-manage --config-file /etc/neutron/
neutron.conf \ --config-file /etc/neutron/plugins/ml2/ml2_conf.ini upgrade
head" neutron
```

（7）重启相关服务。

```
root@controller:~# service nova-api restart
root@controller:~# service neutron-server restart
root@controller:~# service neutron-linuxbridge-agent restart
root@controller:~# service neutron-dhcp-agent restart
root@controller:~# service neutron-metadata-agent restart
root@controller:~# service neutron-l3-agent restart
```

（8）计算节点安装 linuxbridge。

```
root@computer:~# apt install neutron-linuxbridge-agent
```

（9）计算节点上的配置/etc/neutron/neutron.conf 文件。先备份配置文件，然后修改如下信息，其他参数不做修改。

```
root@computer:~# vi /etc/neutron/neutron.conf
root@computer:~# cp /etc/neutron/neutron.conf /etc/neutron/neutron.conf.bk
[DEFAULT]
core_plugin = ml2
transport_url = rabbit://openstack:adminroot@controller
auth_strategy = keystone
[agent]
root_helper = "sudo /usr/bin/neutron-rootwrap /etc/neutron/rootwrap.conf"
[database]
connection = sqlite:////var/lib/neutron/neutron.sqlite
[keystone_authtoken]
www_authenticate_uri = http://controller:5000
auth_url = http://controller:5000
memcached_servers = controller:11211
auth_type = password
project_domain_name = default
user_domain_name = default
project_name = service
username = neutron
password = adminroot
[oslo_concurrency]
lock_path = /var/lib/neutron/tmp
```

（10）计算节点上配置 /etc/neutron/plugins/ml2/linuxbridge_agent.ini 文件。

```
    root@computer:~#cp /etc/neutron/plugins/ml2/linuxbridge_agent.ini /etc/
neutron/plugins/ml2/linuxbridge_agent.ini.bk
    root@computer:~# vi /etc/neutron/plugins/ml2/linuxbridge_agent.ini
[linux_bridge]
physical_interface_mappings = provider:ens160
[securitygroup]
enable_security_group = true
firewall_driver = neutron.agent.linux.iptables_firewall.IptablesFirewallDriver
```

```
[vxlan]
enable_vxlan = true
local_ip = 10.16.132.62
l2_population = true
```

（11）修改过滤设置。

```
root@computer:~# vi /etc/sysctl.conf
net.bridge.bridge-nf-call-iptables = 1
net.bridge.bridge-nf-call-ip6tables = 1
```

（12）在计算节点上修改 /etc/nova/nova.conf 配置文件。先备份配置文件，然后修改如下信息，其他参数不做修改。

```
root@computer:~# cp  /etc/nova/nova.conf /etc/nova/nova.conf.bk
root@computer:~# vi  /etc/nova/nova.conf
[DEFAULT]
log_dir = /var/log/nova
lock_path = /var/lock/nova
state_path = /var/lib/nova
transport_url = rabbit://openstack:adminroot@controller
[api]
auth_strategy = keystone
[cinder]
os_region_name = RegionOne
[glance]
api_servers = http://controller:9292
[keystone_authtoken]
www_authenticate_uri = http://controller:5000/
auth_url = http://controller:5000/
memcached_servers = controller:11211
auth_type = password
project_domain_name = Default
user_domain_name = Default
project_name = service
username = nova
password = adminroot
[neutron]
auth_url = http://controller:5000
auth_type = password
project_domain_name = default
user_domain_name = default
region_name = RegionOne
project_name = service
username = neutron
password = adminroot
[oslo_concurrency]
lock_path = /var/lib/nova/tmp
[placement]
region_name = RegionOne
project_domain_name = Default
project_name = service
```

137

```
auth_type = password
user_domain_name = Default
auth_url = http://controller:5000/v3
username = placement
password = adminroot
[vnc]
enabled = true
server_listen = 0.0.0.0
server_proxyclient_address = 10.16.132.62
novncproxy_base_url = http://controller:6080/vnc_auto.html
[cells]
enable = False
```

（13）在计算节点上重启服务。

```
root@computer:~# service nova-compute restart
root@computer:~# service neutron-linuxbridge-agent restart
```

步骤 6：安装和配置 Horizon 组件。

（1）安装 Horizon 组件。

```
root@controller:~# apt install openstack-dashboard
```

（2）修改配置文件 /etc/openstack-dashboard/local_settings.py。先备份配置文件，然后修改如下信息，其他参数不做修改。

```
root@computer:~#cp /etc/openstack-dashboard/local_settings.py /etc/openstack-dashboard/local_settings.py.bk
root@computer:~#vi /etc/openstack-dashboard/local_settings.py
 SESSION_ENGINE = 'django.contrib.sessions.backends.cache'
CACHES = {
    'default': {
        'BACKEND': 'django.core.cache.backends.memcached.MemcachedCache',
        'LOCATION': 'controller:11211',
    },
}
EMAIL_BACKEND = 'django.core.mail.backends.console.EmailBackend'
OPENSTACK_HOST = "controller"
OPENSTACK_KEYSTONE_URL = "http://10.16.132.61:5000/v3"
OPENSTACK_KEYSTONE_MULTIDOMAIN_SUPPORT = False
OPENSTACK_API_VERSIONS = {
        "identity": 3,
        "image": 2,
        "volume": 3,
}
OPENSTACK_KEYSTONE_DEFAULT_DOMAIN = "Default"
OPENSTACK_KEYSTONE_DEFAULT_ROLE = "member"
OPENSTACK_NEUTRON_NETWORK = {
    'enable_router': True,
    'enable_quotas': True,
    'enable_ipv6': True,
    'enable_distributed_router': True,
    'enable_ha_router': True,
```

```
          'enable_lb': True,
          'enable_firewall': True,
          'enable_vpn': True,
          'enable_fip_topology_check': True,
          }
TIME_ZONE = "Asia/Shanghai"
DEFAULT_THEME = 'ubuntu20.04'
WEBROOT='/horizon/'
ALLOWED_HOSTS = '*'
COMPRESS_OFFLINE = True
```

（3）OpenStack 平台测试。在工作站上的浏览器中输入 10.16.132.61/horizon，即可登录 OpenStack 平台。

3. 分析与思考

（1）本案例安装了 OpenStack 的基础服务，包括时间同步服务、ETCD 服务、数据库服务、消息服务、缓存服务、实现了安装 OpenStack 的基础。

（2）本案例采用了两个节点，即计算节点和控制节点。本案例将 Glance 服务、Keystone 服务、Neutron 服务、Horizon 服务均安装在控制节点，将 Nova 安装在计算节点。OpenStack 的服务是可以任意组合安装的，非常灵活。

（3）本案例只安装了核心服务，还有很多其他服务没有安装，请读者通过互联网阅读官网，尝试安装更多功能，如安装块存储 cinder 服务、编排服务、计量服务等，尝试使用。

（4）本案例采用 VMware Workstation 虚拟机实现，主机的第一块网卡采用 NAT 方式，也可以采用桥接等方式实现，思考 NAT 方式和桥接方式实现效果有什么不同。

6.4.2　项目实验 8　利用 OpenStack 云平台创建和测试实例

1. 项目描述

（1）项目背景。云涛公司采用 OpenStack 部署了云平台，可以通过该平台对虚拟化资源进行管理，本案例将创建一台虚拟机实例，测试 OpenStack 平台管理实例的功能。

（2）拓扑。拓扑成本章实验 1 的拓扑结构。采用一台有浏览器的客户机，在浏览器中输入 10.16.132.61/horizon 登录控制节点，完成本实验。

（3）项目规划和实例地址分配表。首先规划与项目相关的名称和实例的地址信息。

① 命名设计。与项目相关的名称和实例如表 6-2 所示。

表 6-2　与项目相关的名称和实例

序号	参数	名称	备注
1	实例名称	yt-host01	云主机实例的名称
2	实例类型	micro	云主机配额，即配置大小
3	镜像源	cirros	镜像文件
4	网络	yt-net	云主机所在私有网络名称
5	·路由	yt-route	实现网络与外部网络连通
5	安全组	yt-sec-group	云主机所属的安全组
6	用户	yt-user	使用云主机的用户
7	项目	yt	用户和用户组所在的项目

139

② 网络设计。网络相关配置如表 6-3 所示。

表 6-3　网络相关配置

网络名称	子网名称	网络地址	网关	分配地址范围	DNS
yt-net	yt-Subnet	192.168.11.0/24	192.168.11.254	192.168.11.1~ 192.168.11.200	192.168.112.253
out-net	out-subnet	10.16.132.0/24	10.16.132.254	10.16.132.150~ 10.16.132.200	192.168.112.253

（4）任务内容。

第 1 部分：创建项目、用户、网络、路由、安全组和实例类型。

- 创建项目。
- 创建用户。
- 创建安全组。
- 创建网络。
- 创建实例类型。

第 2 部分：创建和测试实例。

- 创建实例。
- 测试实例。

（5）所需资源。

2 台主机（安装 Ubuntu 20.04 操作系统），能与互联网通信，也可以采用虚机实现。

2. 项目实施

第 1 部分：创建项目、用户、网络、路由、安全组实例类型。

步骤 1：创建项目。以管理员身份登录，在"身份管理"选项卡中选中"项目"选项，然后单击"创建项目"按钮，根据命名设计创建项目，其结果如图 6-3 所示。

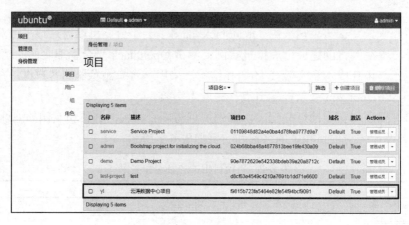

图 6-3　创建项目

步骤 2：创建用户。以管理员身份登录，在"身份管理"选项卡中选中"用户"选项，然后单击"创建用户"按钮，根据命名设计创建用户，并将用户所属项目选择"yt"项目，创建后单击用户概况信息如图 6-4 所示。

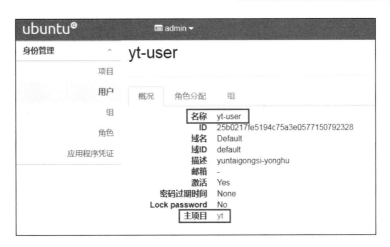

图 6-4　创建用户

步骤 3：创建实例类型。以管理员身份登录，在"管理员"选项卡中选中"实例类型"选项，然后单击"创建实例类型"按钮，根据命名设计创建实例类型，并将用户所属项目选择"yt"项目，创建后单击"用户概况信息"选项，如图 6-5 所示。

图 6-5　创建实例类型

步骤 4：创建外部网络。以管理员身份登录，在"管理员"选项卡中选中"网络"选项，然后单击"创建网络"按钮，根据命名设计和网络地址参数创建 Out-Net 网络，选项中勾选"外部网络"复选框，如图 6-6 所示。

步骤 5：创建内部网络。以 yt-user 身份登录，在"项目"选项卡中选中"网络"选项，然后单击"创建网络"按钮，根据命名设计和网络地址参数创建 yt-subnet 网络，如图 6-7 所示。

步骤 6：创建和配置安全组。以 yt-user 身份登录，在"项目"选项卡中选中"网络"选项，再单击"安全组"选项，然后单击"创建安全组"按钮，根据命名设计创建 yt-sec-group 安全组，如图 6-8 所示。并且管理安全组的规则，添加 ssh 和 icmp 入口规则。

图 6-6　创建外部网络

图 6-7　创建内部网络

图 6-8　创建安全组

步骤 7：创建路由。以 yt-user 身份登录，在"项目"选项卡中选中"路由"选项，然后单击"创建路由"按钮，根据命名设计和网络地址参数创建 yt-router 路由，并创建到网络"yt-net"接口，创建后查看路由概况信息如图 6-9 所示。

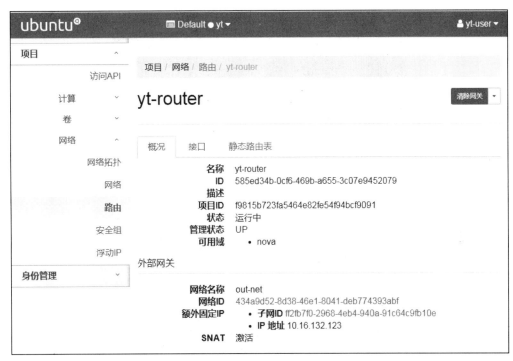

图 6-9　创建路由

第 2 部分：创建和测试实例。

步骤 1：创建实例。以 yt-user 身份登录，在"项目"选项卡中选中"计算"选项，再单击"实例"选项，单击"创建实例"按钮，根据命名设计创建 yt-host01 实例，镜像选择"cirros"，类型选择"micro"，网络选择"yt-net"，安全组选择"yt-sec-group"，然后单击窗口右下角"创建实例"按钮，实例创建完成后绑定浮动地址，如图 6-10 所示。

图 6-10　创建实例

步骤2：测试实例。

（1）在控制台上查看实例网络信息。在实例列表中单击"实例"选项，进入实例的控制台，输入 ifconfig 命令，查看实例网络配置信息，如图 6-11 所示。

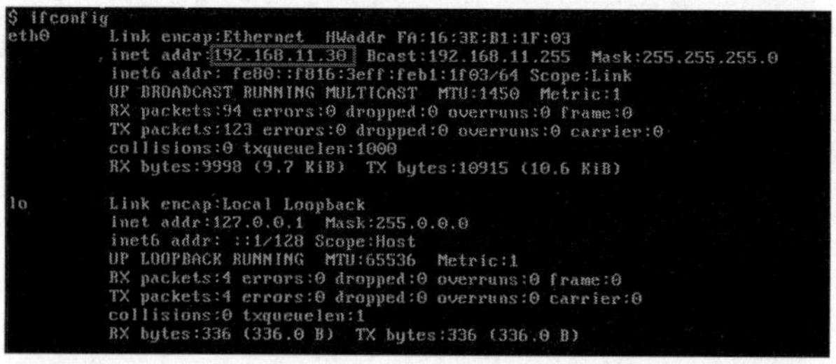

图 6-11　实例网络信息

（2）在控制台上查看实例网络信息。在控制台上测试本机与互联网的连通性，测试结果如图 6-12 所示。

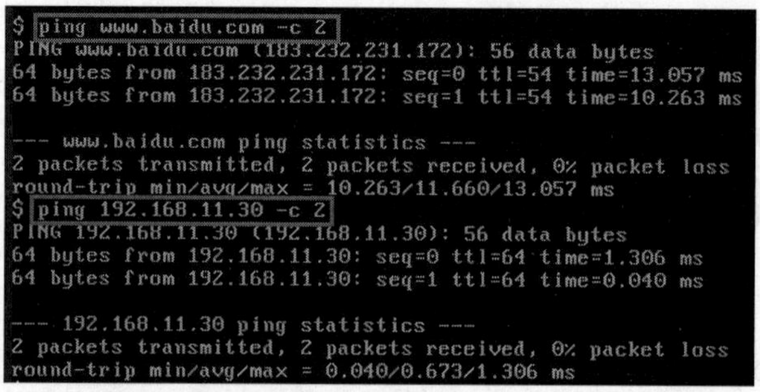

图 6-12　测试结果

（3）通过 crt 终端连接测试互联网连通性。在宿主机上使用 crt 终端连接测试互联网连通性，测试结果如图 6-13 所示。

图 6-13　测试结果

（4）查看网络拓扑。以 yt-user 身份登录，在"项目"选项卡中选中"网络"选项，然后单击"网络拓扑"按钮，根据命名设计和网络地址参数创建 yt-net 网络，如图 6-14 所示。

3. 分析与思考

（1）OpenStack 云平台功能强大，集成了全球优秀开源厂商贡献的服务。本案例首先创建了项目，在 OpenStack 中，该项目实现了环境和资源的隔离，创建的用户、安全组等属于某个项目。

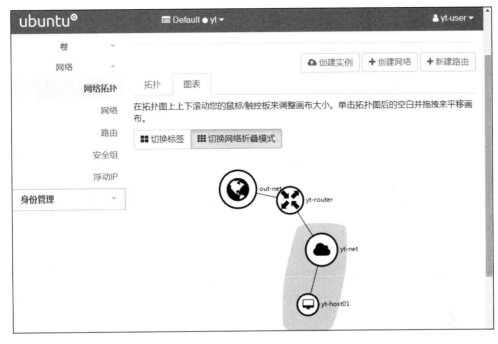

图 6-14　网络拓扑

（2）本案例创建了外部网络和内部网络，外部网络属于组织内使用的真实网络，内部网络属于项目内使用的网络，不同项目的内部网络是可以重叠的，不受影响。

（3）本案例在创建实例前首先创建了网络、安全组、实例类型等，这些在创建实例时会用到。

（4）特别需要说明的是，安全组中一定会添加 SSH 和 ICMP 入口规则，否则在其他实例或者主机不能连接到实例，也就无法测试外网的连通性。

（5）分析外部网络和内部网络，当外部主机连接实例时，是通过浮动地址实现的，那么浮动地址是怎么实现的？

习　题　6

一、单项选择题

1. OpenStack 中有关 Dashboard 的描述正确的是（　　）。

　　A．Dashboard 提供 OpenStack 认证服务　　　B．Dashboard 提供 OpenStack 存储服务

　　C．Dashboard 提供 Web 管理界面　　　　　　D．Dashboard 需要安装在计算节点

2. 下列选项不属于 OpenStack 资源池的是（　　）。

　　A．计算资源　　　　B．存储资源　　　　C．网络资源　　　D．软件资源

3. 下列选项属于云计算模型中 SaaS 具有的功能的是（　　）。

　　A．提供 IT 基础设施服务，用户可从中获取虚拟硬件资源

　　B．可直接通过互联网为用户提供软件和应用程序服务

　　C．用户可通过租赁方式获取安装在供应商那里的软件

D．用户可在其上安装其他应用程序

4．在 IP 地址为 192.168.8.8 计算机上安装了 OpenStack，可以通过（　　）访问 Web 页面。

A．http://192.168.8.8/web   B．http://192.168.8.8/dashboard

C．http://192.168.8.8/horizon   D．http://192.168.8.8/index

5．OpenStack 块存储服务通过（　　）组件实现。

A．Cinder   B．Neutron   C．Keystone   D．Nova

6．下列关于 Keystone 的说法错误的是（　　）。

A．认证服务通过对用户身份的确认来判断一个请求是否被允许

B．OpenStack 中的一个项目可以有多个用户，一个用户只属于一个项目

C．全局的角色都适用于所有项目中的资源权限，而项目内的角色只适合自己项目内的权限

D．令牌是一串数字字符串，用于访问服务的 API 以及资源

7．在 OpenStack 平台中，下列（　　）组件负责支持实例的所有活动并且管理所有实例的生命周期。

A．Glance   B．Neutron   C．Swift   D．Nova

8．在 OpenStack 平台中，浮动地址的主要作用是（　　）。

A．实例与宿主机的通信 IP   B．公网访问实例的目标地址 IP

C．实例访问公网的源地址 IP   D．虚拟路由器的网关 IP

9．在 OpenStack 平台中，（　　）用于定义可以访问资源的集合。

A．User   B．Project   C．Role   D．Domain

10．在 OpenStack 平台中，（　　）可以在路由上对网络流量包进行过滤，提高网络安全性。

A．Securet Group   B．ML2   C．FWaaS   D．LBaas

二、简答题

1．简述 OpenStack 核心组件有哪些。

2．简述 OpenStack 计算服务的功能。

3．列举 OpenStack 网络服务支持网络类型。

4．简述 Flat 网络的功能。

5．简述 OpenStack 镜像服务的功能。

6．简述 OpenStack 中内部网络和外部网络的区别。

7．简述 OpenStack 中 Keystone 的功能。

8．简单描述浮动地址的作用。

9．简单描述安全组的功能。

10．简单描述创建一个实例的过程。

第 7 章

超融合技术

7.1 超融合概述

7.1.1 超融合的概念与发展

随着互联网的发展，各种 App、应用服务提供商如雨后春笋般出现，服务商要求企业数据中心架构既能够灵活地分配、回收服务器计算资源，又能够方便地扩展存储空间，更重要的是能够按需建设、随需扩展。于是，传统的虚拟化平台与传统的分布式存储自然而然地结合在了一起，形成了计算、网络和存储融合于 x86 服务器的超融合架构（Hyper Converged Infrastructure，HCI）。

1. 超融合的概念

超融合架构是一种 IT 基础架构构建方式，其核心思想是使用通用硬件，用软件定义来实现 IT 基础架构的各项服务，包括计算虚拟化（软件定义计算）、存储虚拟化（软件定义存储）和网络虚拟化（软件定义网络）等，且这些服务都在统一的平台上。超融合用户可通过虚拟化平台对资源进行统一管理，而无须管理底层硬件具体实现，仅需关注软件层面控制策略。

由维基百科的定义中可知，超融合架构能提供数据中心在可用性及可靠性上的需要，而且整个系统能被集中管理，所有对设备硬件的管理工作均可通过单一软件界面完成。与融合式架构的区别在于，融合式架构是以包为单位，其硬件架构是分散的，服务器与存储设备是各自独立的；超融合架构则是将服务器与存储集成在一个单元机箱。换言之，在超融合架构中，不需要专用的存储子系统。

超融合架构的主要组件是计算虚拟化和分布式存储，由虚拟化提供业务虚拟机的计算网络资源，分布式存储提供存储资源和确保数据的可靠性，两者融合于同一套 x86 服务器中，摒除了传统三层架构的复杂性，也规避了传统的集中式存储不易管理、不易扩展的难题。

2. 超融合的发展

超融合发展至今，已有近十余年的历史。2010 年，VCE 联盟推出了第一代 Vblock 产品，由"VMware 虚拟化软件+Cisco 服务器与交换机+EMC 存储设备"堆叠而成，被认为是超融合产品的雏形。

在多年的技术演进中，超融合大步向前迈进，业界关于超融合的定义也经历了多次变化，从 IT 视角逐渐转换为云计算视角。

2016 年，Gartner 将超融合作为集成系统整体市场中的一个细分领域，称为超融合集成系统（HCIS）。那时超融合的重点是将服务器、存储、网络设备集成在一个"盒子"中，进行软硬一体化交付，最常见的就是超融合一体机，适合 IT 水平不高的企业使用。

到了 2018 年，Gartner 发布了超融合架构，超融合被重新定义为纯软件形态的超融合基础设施。

在这个阶段，超融合的重点是强调纯软件堆栈的整合，实现计算、存储、网络、安全和统一管理等功能，将软件栈部署在参考架构或者认证服务器中，提高了资源横向扩展的能力，简化了系统的运维。

超融合作为 IT 的一部分，其演进并不是一个独立和一蹴而就的过程，而是与经济的持续发展、转型密切相关。可以说，经济的优化和调整推动了传统 IT 向新型 IT 的转变，从而也推动了超融合的持续演进和发展。

超融合的演进可以分为 3 个阶段。

（1）超融合 1.0（2010—2015 年）。

IT 特点：物理为核心。

部署形式：服务器虚拟化、存储、网络的分层部署和管理。

遇到的问题：部署周期长、IT 响应慢。

实现目的：实现 IT 提速。

在以规模为驱动的传统经济下，传统的 IT 架构以物理为核心，服务器、存储和网络以分层的形式进行部署和管理。这种 IT 架构下，IT 的规划、部署和调优周期往往以月甚至年来计算，不仅 IT 响应速度慢，而且管理复杂、支出高。对企业而言，这就意味着系统中各个业务应用之间管理相互独立，各个产品从研发、生产、制造到销售等各个环节的数据管理效率低下，从而导致产品整个面世周期长，严重影响企业对于市场个性化需求的响应速度。

为了实现从规模经济向市场需求驱动的经济转型，IT 提速成为必然，超融合 1.0 应运而生。超融合 1.0 通过整合服务器虚拟化、存储和网络资源，不仅将 IT 的部署和调优周期缩短至以周甚至天计算，同时简化了这三者之间的关系，在有效提高 IT 资源利用率的基础上，显著提高了 IT 响应速度，从而为企业快速响应市场需求提供了保证。

（2）超融合 2.0（2016—2018 年）。

IT 特点：双模 IT（物理环境+虚拟化/私有云）。

部署形式：以应用为核心进行虚拟化部署。

遇到的问题：双模 IT 下的工作负载难以双向迁移，工作负载不均衡。

实现目的：双模 IT 下的工作负载双向迁移和负载均衡。

随着互联网的兴起，规模经济与互联网模式快速融合。在这一过程中，大量云原生应用产生和上线，企业 IT 每周上线的应用数量达到几十甚至上百。基于云原生应用的部署，大幅提高了企业IT的资源使用效率。基于众多云原生对IT迅速响应和IT资源动态调配的需求，传统的 IT 物理架构已经难以应对，因此企业纷纷在传统 IT 架构基础上，部署虚拟化/私有云来应对云原生应用，而企业的业务核心应用还普遍部署在物理架构上。

然而在这种双模 IT 模式下，传统的数据中心与云之间相互独立，两种 IT 模式下的工作负载难以实现双向迁移，也难以实现工作负载均衡和统一管理。在这种环境下，企业对超融合的评估要求，推进了超融合 1.0 向超融合 2.0 的演进。超融合 2.0 在虚拟化的基础上，以应用为核心进行部署，通过应用的整合，加快了云原生应用的开发和部署，实现了物理数据中心与私有云之间 IT 资源的整体调度，通过工作负载的双向迁移和自动负载均衡提高了 IT 资源的使用效率。

互联网经济下，IT 资源的高利用率、IT 响应速度快和快速上线应用的能力成为企业的业务引擎。超融合 2.0 的发展，为互联网经济下企业通过 IT 以"速度"博"规模"奠定了基础。

（3）超融合 3.0（2019 年至今）。

IT 特点：多云、核心应用、边缘应用。

部署形式：以数据为核心，快速响应。

遇到的问题：工作负载难以多向迁移。

实现的目的：跨多云、核心系统、边缘数据的多向迁移。

大数据、云计算、物联网、人工智能，催生了以数据为驱动的新经济。在这一过程中，应用数量迅速增加，应用的多元化成为常态。数据的来源更为多样化，包括业务数据、用户数据、传感数据、第三方数据等，同时人工智能和物联网加剧了云与边缘的数据交互。如何跨云打通核心系统和边缘的数据交互，将各种数据转化为业务价值，成为企业实现业务模式持续创新和升级的关键。

在传统经济向新经济演进的过程中，IT 的部署能力在不断提高，IT 的响应速度也在不断提高。如何提高数据生命周期管理效率，最大限度释放 IT 资源用于业务创新，成为新经济下的 IT 重点。尤其是在物联网和人工智能的推动下，超融合 2.0 只能进行工作负载的双向迁移，难以在多云、核心应用和边缘应用之间进行数据多向交互。因此，超融合 3.0 得以发展，针对以数据为核心的应用部署，超融合 3.0 在深度优化计算、存储、网络等资源管理和调度的基础上，能够跨核心系统、云和边缘实现数据的动态多向迁移，通过对数据的 QoS 管理，确保数据的 SLA 水平，为物联网和人工智能时代企业的业务转型和升级提供有力的支撑。

7.1.2 主流超融合技术及区别

超融合在数据中心中用于计算资源池和分布式存储资源池，极大地简化了数据中心的基础架构，而且通过软件定义的计算资源虚拟化和分布式存储架构实现无单点故障、无单点瓶颈、弹性扩展、性能线性增长等能力。其特点是通过分布式存储技术将各个计算节点的存储资源整合为一个统一的存储资源池，为虚拟化平台提供存储服务，实现计算、存储、网络、虚拟化的统一管理和资源的横向扩展，保障用户业务的高可用。随着软件定义技术逐渐走向成熟，带动 x86 开放架构市场的兴起，超融合成为了 IT 基础设施进化的必然结果。值得注意的是，超融合带来的最核心的理念是软件定义存储，以分布式存储技术打破了传统集中式存储的 I/O 访问性能瓶颈。

1. 主流分布式存储技术

在超融合基础架构中，虚拟化是基础，而分布式存储技术则是超融合的技术核心。因此，存储与虚拟化的整合机制不同，成为超融合技术方案的重要区别方式之一。

软件定义存储（SDS）是一种能将存储软件与硬件分隔开的存储架构。不同于传统的网络附加存储（NAS）或存储区域网络（SAN）系统，SDS 一般都在行业标准系统或 x86 系统上执行，从而消除了软件对于专有硬件的依赖性。

软件定义存储大致可以分为以下三大类。

（1）存储服务处在 Hypervisor 组件之上，如图 7-1 所示。

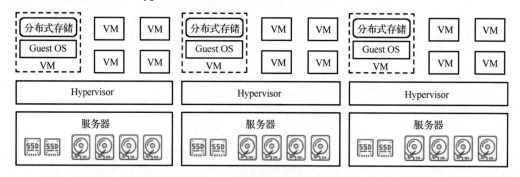

图 7-1　存储服务运行于虚拟机

该虚拟机实际起到虚拟存储设备（Virtual Storage Applicance，VSA）的作用，所以也称为控制虚拟机（CVM）或者存储控制虚拟机。VSA 需要通过 Hypervisor 访问物理硬件资源，一般为了降低性能的开销，VM 会以直通的方式访问硬件资源，如 HDD、SSD、网卡等。在这种架构中，虚拟化与存储解耦，互不影响，可以独立升级，甚至 VSA 发生故障不工作，也不会影响该物理节点，通过 I/O 路由的技术，VSA 故障节点上的 VM 会通过其他正常的 VSA 访问存储资源。当然，给用户带来的最大收益还有消除了 Hypervisor 锁定的风险，VSA 可以支持多种虚拟化计算平台。采用这种整合的产品有 Nutanix NGFS。

（2）存储服务运行在 Hypervisor 外部，如图 7-2 所示。

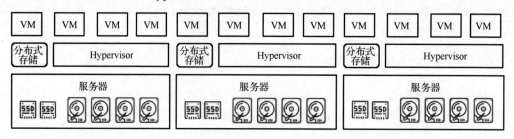

图 7-2　存储服务运行在 Hypervisor 外部

这种在物理主机中实现分布式存储功能的架构适用于 KVM 超融合平台。这种整合的最大优势在于：其性能比 VSA 的性能好，在存储或者 Hypervisor 出现故障时，能做到互不影响。

（3）存储服务作为内核模块运行在 Hypervisor 内部，如图 7-3 所示。

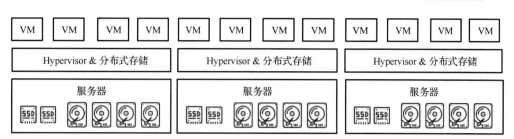

图 7-3　存储服务运行在 Hypervisor 内部

一个典型的代表是云宏超融合 CNware WinHCI，其存储服务 WinStore 作为内核模块被整合。这种架构下存储服务不经过 Hypervisor 而直接访问存储设备，几乎无性能损耗，理论上本地 I/O 性能可以充分发挥。

2. 主流超融合技术区别

超融合架构是基于标准通用的硬件平台，通过软件定义实现计算、存储、网络融合等功能，实现以虚拟化为中心的软件定义数据中心的技术架构。超融合软件是实现资源池化、统一纳管的平台软件。当前，国产超融合软件主要有三种技术路线：①存储厂商以自身分布式存储技术优势结合第三方虚拟化软件；②基于开源软件 OpenStack 进行二次开发及商业化加固；③自主研发架构下的超融合一体化交付，整体软件进行自主设计和开发，拥有更强自主性（见表 7-1）。

表 7-1　超融合软件技术路线

对比指标	分布式存储厂商	OpenStack	一体化交付
虚拟化技术路线	第三方厂商授权	基于开源产品开发	自主研发
自主能力	国外闭源架构	国外开源架构	自主研发架构，国内开源
稳定性	多厂商组合，产品问题边界不好确定	开源架构，产品稳定性欠缺	自主性强，产品稳定可控
兼容性	兼容厂商认证硬件	兼容性差，要求特定硬件	兼容通用硬件
开放性	部分 API 开放，不开放管理权限	部分 API 开放，不开放管理权限	核心开源，全 API 开放，管理权限开放
交付方式	软硬一体化（认证硬件）	软硬一体化	纯软件、软硬一体化

7.2　超融合的技术架构

以国内厂家云宏超融合 CNware WinHCI 为例，超融合基础架构也称为超融合架构，是指在同一套服务器中不仅具备计算、网络、存储和服务器虚拟化等资源和技术，还包括缓存加速、备份软件、快照技术等元素，而多节点可以通过网络聚合起来，实现模块化的无缝横向扩展（Scale-Out），形成统一的资源池。当前业界普遍的共识是，软件定义的分布式存储层和虚拟化计算是超融合架构的最小集。

CNware WinHCI 将虚拟化操作系统 WinServer 和分布式存储 WinStore 融合部署在同一套 x86 服务器上，WinStore 以模块化的方式在 WinServer 中运行，并将 WinServer 上的 SSD 和 HDD 整合成分布式、可水平扩展的存储池（Storage Pool），云宏超融合架构如图 7-4 所示。

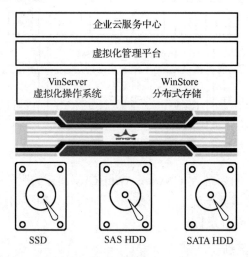

图 7-4　云宏超融合架构

7.2.1　虚拟化操作系统

虚拟化操作系统 WinServer 是云宏公司在 2011 年就推出来的完整服务器虚拟化引擎。对数据中心硬件资源进行虚拟化，是构建虚拟化数据中心的基础软件。WinServer 同时针对运行在其上的虚拟服务器的 Windows 和 Linux 操作系统进行性能优化。

WinServer 兼容业界主流服务器、存储设备、网络设备，可以轻松地与现有网络和存储基础架构进行集成，支持在线资源扩容、在线迁移、资源池高可用性等，提高数据中心的灵活性和业务连续性，允许用户以命令行接口、虚拟化管理平台等多种方式管理WinServer 或与第三方软件集成。通过虚拟化技术能够极大地提高设备利用率，控制基础设施规模，降低基础设施成本。

7.2.2　软件定义存储

软件定义存储（Software Defined Storage，SDS）是当代数据中心技术演进的主要趋势之一。在近 10 年来各行各业开放架构的积累，特别是大型互联网运营商 IT 基础架构的成功经验基础上，SDS 生态系统逐步走向成熟。SDS 的核心价值在于，完全基于已有的标准化通用硬件平台开发出与硬件无关的存储软件产品，以非锁定的方式实现数据存放的持久化和长期的有效性。

WinStore 基于开源的 Ceph 并做了深度的优化和功能开发，Ceph 诞生于 2004 年，2008 年，开始建立开源社区，2012 年，进入 OpenStack Cinder 并成为重要的存储驱动，云宏公司在 2012 年推出 OpenStack 解决方案时，就开始对 Ceph 做技术预研，随着越来越多来自不同厂商的开发者加入 Ceph 阵营，2014 年，Ceph 中国社区成立，国内的 Ceph 用户开始增多并逐渐活跃起来。

云宏公司在 2015 年超融合元年推出了 CNware WinHCI v1.0，WinStore 以模块化的方式运行在 WinServer 中，而不是运行在虚拟机上，WinStore 可以将多台物理机上的本地SSD 和 HDD 组成一个虚拟的存储池，利用多台 x86 服务器分担存储负荷，利用位置服务器定位存储信息，它不仅提高了系统的可靠性、可用性和存取效率，还易于扩展。

7.2.3　虚拟化管理平台

虚拟化管理平台 WinCenter 是云宏超融合系统的基础架构管理平台，提供资源管理、资源控制、自动化运维、智能策略调度等特性，为虚拟化数据中心提供 IT 服务与运营所需要的基础服务能力，提供管理虚拟化数据中心的计算、存储、网络资源提供统一的用户界面。通过 WinCenter API，可以构建多种云计算解决方案，如桌面云、基础架构云等。WinCenter 内置的 WCE 云引擎，可管理其他虚拟化（如小型机与 x86 架构等）异构环境，为 WinServer、VMware ESXi、XenServer 和 PowerVM 等虚拟化技术提供统一的管理界面。

WinCenter 面向的是用户的 IT 管理员，在给上层的云服务中心提供可用资源前，先由管理员搭建底层的 IT 资源如纳管服务器、创建存储池、虚拟机模板、创建网络和 IP 池等，在系统出现故障时，也能通过 WinCenter 快速定位故障。

7.2.4　云服务中心

云服务中心 CloudCenter 是云宏超融合的开放式生态平台，主要是上层业务管理平台，如桌面云、混合云、云容灾、云安全、云监控、云备份、云应用、Docker、云运维、存储容量使用趋势预警及扩容、服务器硬件监控和资源预警等功能模块，如图 7-5 所示。

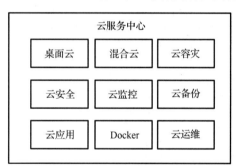

图 7-5　云服务中心功能模块

云服务中心不仅对云资源进行管理，同时还提供备份、容灾、安全等模块，给用户提供完善的一站式企业云数据中心如图 7-6 所示。基于此超融合平台，可帮助用户快速搭建一个安全、可靠的专有云平台，用户只需要关注其应用和业务。

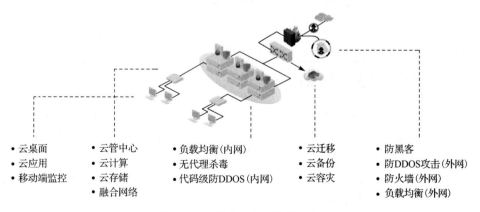

图 7-6　一站式企业云数据中心

7.3 超融合系统安装

7.3.1 系统简介

云宏超融合一体机产品包括硬件和软件两部分。硬件部分有 x86 服务器、万兆交换机和以太网交换机。软件部分有 WinServer、WinStore、WinCenter 和 CloudCenter。

7.3.2 服务器要求

超融合服务器架构采用基于 x86 架构的平台，具体要求如表 7-2 所示。

表 7-2　超融合硬件环境要求

配件	环境要求
节点数	超融合服务器节点数不得低于 3 个节点
CPU	每个节点至少为双路 E5-2620v3 或以上
内存	每个节点内存至少为 64GB 或以上
阵列卡 SAS 卡	① 支持同时作为 RAID1 和 NONE RAID 模式 ② 数据盘和缓存盘上的阵列卡芯片组不低于 3108
系统盘	① 系统盘用两块磁盘设置 RAID1，RAID1 卷组设置为 Write-Through 模式 ② 磁盘大小至少为 300GB ③ 磁盘类型必须为 Seagate、TOSHIBA 或其他性能和稳定性不低于以上两种品牌的企业级硬盘
数据盘	① 必须运行在硬盘直通模式（NON_RAID） ② 每个节点至少有 4 块数据盘 ③ 每块磁盘大小至少为 600GB ④ 磁盘类型必须为 Seagate、TOSHIBA 或其他性能和稳定性不低于以上两种品牌的企业级硬盘
SSD 缓存盘	① 每个节点至少有一块（建议两块）SSD ② SSD 必须为 Intel DC SSD（数据中心级），建议为 S35/36/37 系列 ③ 单块 SSD 容量不低于 200GB
存储网卡	每个节点至少配置一块双口万兆以太网卡，需要配备相应万兆多模光模块
管理和业务网卡	每个节点至少配置一块双口或四口千兆以太网卡，支持 PXE 功能
存储交换机	万兆可用端口不少于服务器节点数。若网络冗余则端口数翻倍
以太网交换机	千兆可用端口不少于服务器节点数，若网络冗余则端口数翻倍
网线/跳线	① 存储网络网线用多模光纤跳线，数量不少于服务器节点数，网络冗余则跳线数量翻倍，光纤跳线类型为多模，LC-LC ② 业务和管理网线的网线数量不少于节点数的两倍，网线类型 5 类/6 类
IPMI 管理口	要有 BMC 管理模块，并支持通过 ipmitool 管理和安装系统

7.3.3 超融合自动化部署拓扑图

（1）笔记本电脑、服务器 IPMI 管理网口、WinServer 管理网口都接到同一个千兆电口交换机上，交换机最好选用最简单的（以免有网络隔离导致部署不成功）。

（2）WinStore 存储网络的网口接到万兆光口交换机上（带光模块）。

（3）服务器 IPMI 的 IP、WinServer 有管理网络 IP、笔记本电脑 IP、WIM 虚拟机 ETH0 的 IP 都配置相同网段 IP。

超融合拓扑图如图 7-7 所示。

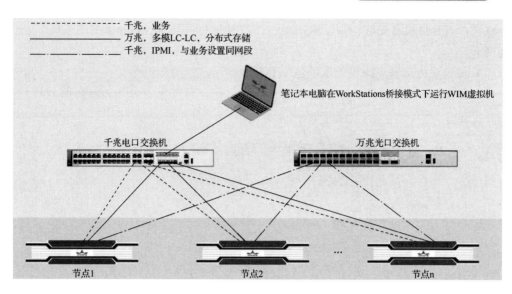

图 7-7　超融合拓扑图

7.3.4　WIM 虚拟机安装配置

（1）准备一台计算机，其配置要求如表 7-3 所示。

表 7-3　计算机配置要求

配置要求	
操作系统版本	Windows 7，64 位，SP1，可选企业版、专业版或旗舰版
硬盘	不小于 500GB
内存	至少 4GB，开机后至少有 2GB 内存空间剩余
CPU	须支持 VT 虚拟化功能，并已在 BIOS 启用 VT。推荐 i5 以上 CPU，核心数不少于 4 核
网卡	要求千兆有线网卡
软件	解压缩软件、Xshell 或 secureCRT、workstatIOns12.5 或更高版本、chrome

（2）设置客户端计算机的 IP 地址，本例在 192.168.199.0 网段进行设置，客户端计算机配置本地连接的 IP 为 192.168.199.100，如图 7-8 所示。

图 7-8　配置客户端 IP 地址

注意：若计算机有无线网卡，则需要在"控制面板/网络和 Internet/网络连接"中,禁用无线网卡。

（3）将自动化部署虚拟机的压缩包 WIM.rar 解压，如图 7-9 所示。

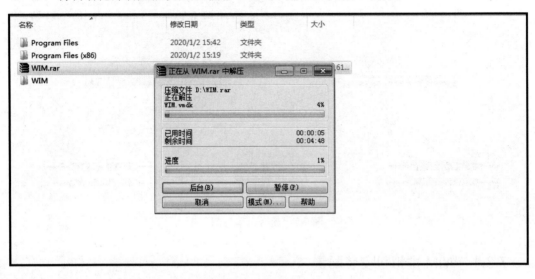

图 7-9　解压 WIM 压缩包

（4）解压完成后，打开解压目录里面的 WIM.vmx 文件。启动 WIM 虚拟机，如图 7-10 所示。

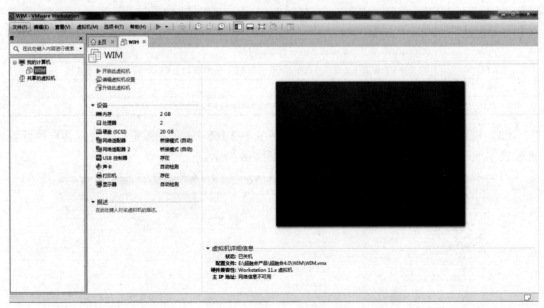

图 7-10　启动 WIM 虚拟机

（5）首次启动选择"我已启动该虚拟机"选项，启动成功后，进入 Centos 登录界面，以 root 用户登录系统，如图 7-11 所示。

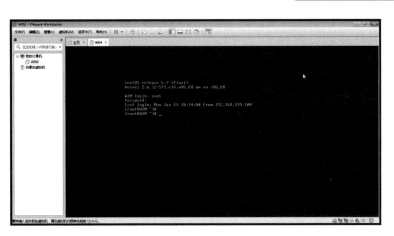

图 7-11　"Centos 登录"界面

（6）设置自动化部署虚拟机 IP，设置 ETH0 网卡 IP（本例设置为 192.168.199.99），如图 7-12 所示。

图 7-12　设置虚拟机 IP

注意：ETH1 网卡的 IP 不需要修改。

（7）使用 service network restart 命令重启网络服务，如图 7-13 所示。

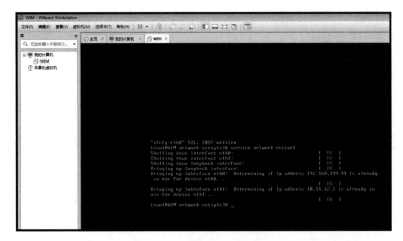

图 7-13　重启网络服务

（8）通过客户端进行 ping 检查，确认网络已连通。

7.3.5　安装超融合系统

（1）访问自动化部署安装界面，通过浏览器访问 http://WIM 虚拟机 IP:9090，即可打开自动化部署的 Web 安装页面，完成服务器安装前置条件，下载 WIM 首页的超融合安装前置条件文档，如图 7-14 所示。

图 7-14　下载安装前置条件文档

根据文档的前置条件要求完成所有服务器的前置条件设置和确认。

说明：超融合安装前置条件设置包括服务器 IPMI 网络及账号密码设置、服务器阵列卡磁盘设置、服务器 BIOS 设置、网卡 PXE（WinServer 的管理网卡需要开启 PXE 功能）功能设置等。

注意：使用自动化方式部署超融合时，需要确保当前部署网段内没有其他 DHCP 服务器存在，否则无法成功完成自动化部署。需要确保在进行服务器安装前，所有磁盘无残留分区（若有则需提前删除）。确认设置好超融合安装的前置条件后，并按超融合自动化部署拓扑图接好线后，便可以开始安装。

（2）选择好需要部署的超融合系统介质，通过 IPMI 地址账号、将完成前置设置的服务器添加到物理主机，如图 7-15 所示。

图 7-15　选择安装介质

（3）当需要安装的物理主机都添加完成后，单击"下一步"按钮，自动化工具会先重启一次物理主机并收集服务器的硬件信息（硬盘、网卡、内存等），等待它完成信息收集后，信息收集成功即出现如图7-16所示的界面。

图 7-16　填写设置信息

（4）在如图7-16所示的界面中，填写集群及每个节点的安装信息。

- 集群网络网关：WinServer 虚拟化管理网络网关。
- 集群网络掩码：WinServer 虚拟化管理网络掩码。
- 虚拟化管理平台 IP：配置 WinCenter 的 IP 地址。
- 云服务中心系统 IP：配置云服务中心的 IP 地址。
- 集群副本策略：WinStore 分布式存储副本数。
- 集群管理网口：选择 WinServer 虚拟化管理管理网卡，选择两个即组成 bond。
- 存储内外部网络是否共用：选择"是"即共用，选择"否"即需要两个万兆网卡。
- 存储网络网口：选择 WinStore 的存储网卡，选择两个网口可组成 bond。
- 物理机 IP：WinServer 节点虚拟化管理 IP。
- 存储网络 IP：WinServer 节点下的 WinStore 存储 IP。
- 系统盘：选择安装 WinServer 的系统盘。
- 缓存盘：选择 WinStore 的缓存盘，选择 SSD 类型固态盘。
- 物理机密码：设置 WinServer 节点的 root 密码。
- 存储网络掩码：设置 WinStore 存储网络的掩码。
- 数据盘：设置 WinStore 数据盘，若需多选，则选择 HDD 类型机械盘。
- dom0 根目录、日志目录大小：使用程序默认计算生成的值即可。
- 是否开启本地 ISO 库：若勾选此项，则从系统盘划分空间作为 ISO 库。

（5）等待 WinServer 安装成功，如图7-17所示。

图 7-17　等待安装

（6）WinServer 安装成功后，单击"下一步"按钮，如图 7-18 所示。

图 7-18　WinServer 安装成功界面

（7）等待集群完成初始化。

说明：该步骤是在创建虚拟化资源池、初始化 WinStore、创建分布式存储池（物理池）、导入 WinCenter 和云服务中心虚拟机，并使用虚拟化管理平台和云服务中心将超融合集群纳管起来。

（8）部署成功，记录集群的虚拟化管理平台及云服务中心信息，如图 7-19 所示。

图 7-19　部署成功

7.4　超融合扩展功能

通过将软硬件集成交付，实现计算存储融合、软件定义和运维自动化等技术的综合功能，除了满足企业能够以最低的初始成本快速实现 IT 基础设施的云化，还需要通过一键检测功能解放 IT 运维人员，同时可以随着企业业务的增长进行积木堆叠式的一站式弹性扩容，实现按需增加配置，为企业节约系统搭建初期的投入成本。

7.4.1　一键检测

一键检测从根本上将运维人员从繁杂的机房运维中解放出来，无须定期到机房中进行巡检、统计工作，只需配置好 IPMI，云服务中心会进行全面的健康检查，包括 CPU、内存、网卡、硬盘、风扇、电源和超融合系统等，硬盘可监控到是否在位、是否出现慢盘现象，可在页面点亮硬盘故障灯，方便管理员更换硬件。

（1）"健康总览"界面如图 7-20 所示。

图 7-20　"健康总览"界面

（2）"物理机硬件监控"界面如图 7-21 所示。

图 7-21　"物理机硬件监控"界面

（3）"存储池硬盘监控"界面如图 7-22 所示。

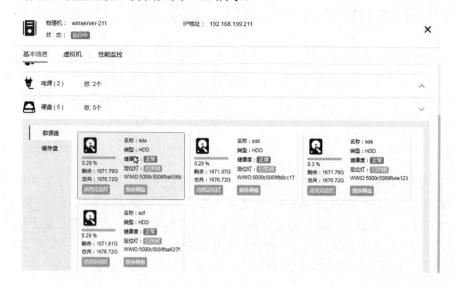

图 7-22　"存储池硬盘监控"界面

7.4.2　一键备份

1. 一键备份简介

从数据的可回溯性上面考虑，超融合的多副本机制只是保障了硬件故障对集群数据的可靠性和可用性，但是无法避免人为或程序的逻辑错误，如误删数据等。

因此，在超融合的环境下，非常有必要在超融合集群外搭建一套备份系统，这样在备份时既可以减小对超融合集群的影响，周期性的虚拟机备份又可以将逻辑错误的影响降到最低。

传统备份与恢复软件聚焦在备份操作上，由于技术的局限，将生产系统分别备份，如文件备份、数据库备份、操作系统备份等。在虚拟化环境下，数据、应用、操作系统组织为虚拟机形式，可以实现无差别备份，实现一次备份、多种恢复，从而提高备份效率，降低管理复杂度，如图 7-23 所示。

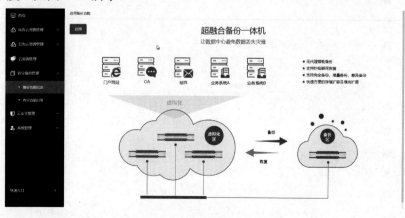

图 7-23　超融合备份功能

虚拟机备份后，可以完成虚拟机原机恢复、异机恢复、瞬时恢复、立即恢复等，实现丰富的恢复策略，解决传统备份产品在恢复时面临的恢复时间长、恢复手段单一、恢复速度慢等缺陷。

2. 一键备份操作

（1）开启备份功能前，在"系统管理|高级设置"配置备份一体机（UUID），单击"启用备份功能"按钮，备份虚拟机无试用备份存储，弹出是否创建磁盘提示。若单击"确定"按钮，则创建磁盘后再执行开启备份管理，若单击"取消"按钮，则不创建磁盘，立即开启备份功能，如图 7-24 所示

图 7-24 创建试用备份存储磁盘

（2）添加备份存储，单击左侧导航栏中的"备份管理|备份存储管理"进入备份存储管理页面，然后单击"添加"按钮，弹出添加窗口，如图 7-25 所示。

图 7-25 添加备份存储

（3）该节点选择部署前导入的 WINbackup Server 虚拟机，在"存储资源类型"下拉列表中选择"本地磁盘"，然后单击"确认"按钮，如图 7-26 所示。

图 7-26 添加本地磁盘

（4）单击左侧导航"备份管理"|"任务管理"选项，再单击"创建任务"按钮，如图 7-27 所示。

图 7-27　创建备份任务

（5）选择需要备份的虚拟机，或者多台虚拟机，作为一个备份任务，单击"虚拟机"选项，虚拟机展开开启备份的虚拟机磁盘，默认备份所有磁盘。注意，可手动关闭不需要备份的磁盘，如图 7-28 所示。

图 7-28　选择备份虚拟机

（6）单击"下一步"按钮，进入配置备份任务界面，如图 7-29 所示。

图 7-29 "配置备份任务"界面

（7）选择对应的策略及配置，即可完成备份任务创建，如图 7-30 所示。

图 7-30 完成备份任务创建

（8）在当前任务页面，选择备份任务，单击"展开清单"按钮。单击"启动策略"按钮，则按配置策略时间进行备份，单击"启动备份"按钮，即立即开始备份完整虚拟机，其他同理，如图 7-31 所示。

图 7-31 启动备份

（9）至此，启动一键备份功能成功。

7.4.3　一键上云

1.　一键上云简介

一键上云是指通过在线迁移、整机迁移和增量迁移等技术，保证业务停机窗口时间最短化，极大地缩短了因为业务上云对业务造成的影响。

一键上云技术架构如图 7-32 所示，用户在源端安装 Agent 后，在超融合云平台就可以通过界面将该业务迁到超融合平台上，源端数据是在线传输到云端的。

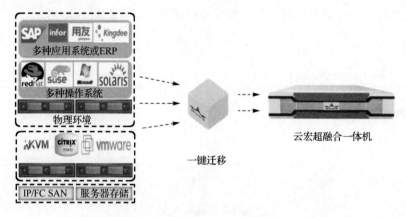

图 7-32　一键上云技术架构

云迁移系统通过智能的磁盘空间使用识别技术，只复制磁盘上的有效数据，空闲的空间不做传输操作，极大地提高了数据迁移速度，磁盘的空白区域是不进行迁移的，只保留指针记录，在目标端再进行空间恢复，如图 7-33 所示。

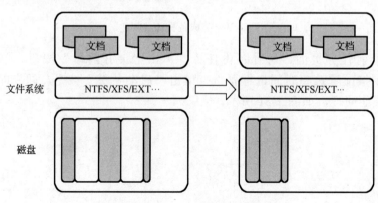

图 7-33　云迁移系统原理图

云迁移系统要求目标端的磁盘大于或等于源端的磁盘，然后通过整机迁移技术，将源端数据通过 P2P 网络传输的方式直接迁入目标磁盘。整机迁移可以实现系统、数据、业务一次性迁移到目标端，这是目前业务上云最高效、最方便的迁移模式。

2.　一键上云操作

（1）启用一键上云操作后，单击"创建目标端插件"按钮，弹出"创建目标端插件"

对话框，配置相关信息，如图 7-34 所示。

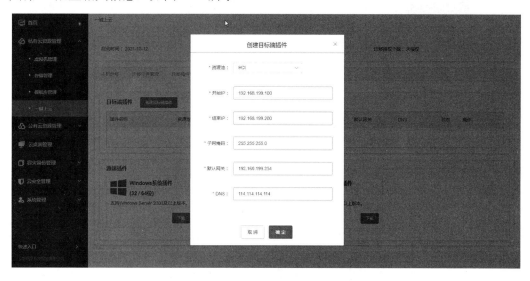

图 7-34　"创建目标端插件"对话框

（2）源端插件下载，单击"迁移插件管理"按钮，选择源机对应的操作系统插件下载，如图 7-35 所示。

图 7-35　下载源端插件

（3）下载完成后，上传至需要迁移的计算机中，并且进行安装。

说明：下载 Windows 插件后，上传至源机，解压后，双击 setup.exe 进行安装。下载 Linux 插件后，上传至源机，执行命令 sh linux-agent64*****.sh。安装成功后，在主机迁移 Tab 页会显示源机相关信息并可以执行主机迁移操作。

（4）在源端安装完插件后，单击"主机迁移"按钮，选择需要迁移的主机，单击"迁移"按钮，如图 7-36 所示。

图 7-36　迁移主机

（5）单击"迁移"按钮后，弹出"创建目标机"对话框，填写相关配置信息，目标机的操作系统需要与源机的一样，CPU、内存、系统盘和数据盘均不能不小于源机，网络需要选择管理网络，单击"提交"按钮，如图 7-37 所示。

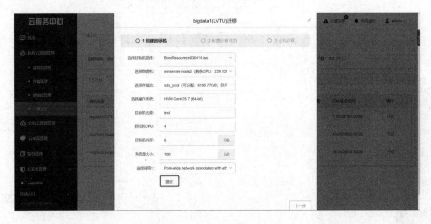

图 7-37　"创建目标机"对话框

（6）等待创建成功，刷新页面，重新单击"迁移"按钮，即可显示出创建成功，然后单击"下一步"按钮，如图 7-38 所示。

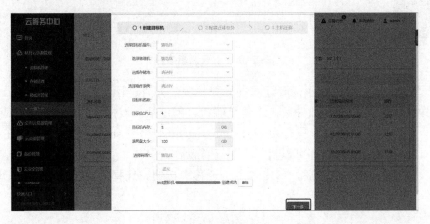

图 7-38　创建成功

（7）单击"下一步"按钮，弹出"配置迁移任务"对话框，单击"确认"按钮后，迁移任务创建成功，如图 7-39 所示。

图 7-39　"配置迁移任务"对话框

（8）迁移任务创建成功后，可进入"主机迁移"界面，查看任务详情，等待迁移任务完成，如图 7-40 所示。

图 7-40　等待迁移任务完成

（9）选择对应的已完成迁移的任务，单击"切换"按钮，刷新页面后，任务状态更新为"切换中"，如图 7-41 所示。

图 7-41　切换目标机

169

（10）切换完成后，任务状态更新为"切换完成"，源机迁移成功，如图 7-42 所示。

图 7-42　添加迁移成功

（11）至此，一键上云操作完成。

7.5　项目实验

项目实验 9　安装和部署超融合云平台

1. 项目描述

（1）项目背景。某公司希望将传统的 IT 业务迁移到超融合云平台上，准备采用云宏公司的超融合云平台技术产品。根据本章的学习情况，让学生自己动手安装和部署超融合云平台，并在部署成功之后使用 ISO 自定义创建业务虚拟机。

（2）任务内容。

第 1 部分：安装超融合云平台。

第 2 部分：自定义创建虚拟机。

（3）所需环境。

- 3 台满足超融合要求的主机，并连接至同一交换机之上。
- 1 台计算机（采用 Windows 7、Windows 10 且支持终端模拟程序，如 putty、crt 等）。

实际在计算机端操作 WinCenter 云平台时，推荐配置如表 7-4 所示。

表 7-4　推荐配置

要求项	建议配置	本文档使用配置
屏幕分辨率	1280×768 及以上	1600×900
操作系统	Windows7/Windows10	Windows7
浏览器	IE8 及以上，Flash11.1 及以上	IE8\IE9\IE10\IE11\Chrome 36 及以上

2. 项目实施

步骤1：安装超融合云平台。

（1）访问超融合云平台自动化部署工具 http://wim 虚拟机 IP:9090，如图 7-43 所示。

图 7-43　"部署工具"界面

（2）下载《超融合安装前置条件》文档，根据文档要求配置 3 台超融合主机。

（3）在界面下拉框中选择虚拟化介质、分布式存储介质、虚拟化管理平台介质和云服务中心介质，填写已就绪的 3 台超融合主机的 IPMI IP、账号和密码。

（4）单击"下一步"按钮，进入新的界面，填写集群网络配置、管理平台 IP、副本策略，选择管理网口和存储网口，然后单击"下一步"按钮，开启超融合集群的安装。

（5）等待平台安装完成，如图 7-44 和图 7-45 所示。

图 7-44　集群初始化界面

图 7-45　超融合平台部署完成

步骤 2：自定义创建虚拟机。

（1）在浏览器中输入https://WinCenter 管理 IP:8090/pc/login.jsp，即可访问 WinCenter 登录界面，默认管理账号/密码为 admin/passw0rd。

（2）单击导航栏中的虚拟化平台类型导航菜单，进入"虚拟化摘要"界面，单击"ISO 库"选项卡，单击"创建"按钮，在弹出"创建 ISO 库"对话框后输入 ISO 库名称、选择存储方式、选择物理机，单击"确定"按钮，如图 7-46 所示。

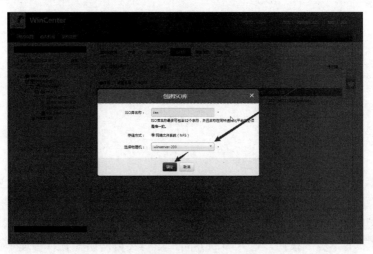

图 7-46　"创建 ISO 库"对话框

（3）在 ISO 库列表中，单击"ISO 数量"栏中的数字超链接，如图 7-47 所示。

图 7-47　ISO 库列表

（4）单击"上传"按钮，上传 CentOS 7.6 的 ISO 文件，如图 7-48 所示。

图 7-48　上传 ISO 文件

（5）依次选择"虚拟化摘要"|"常用任务"选项，单击"创建虚拟机"按钮，弹出"创建虚拟机"对话框，然后选择左侧栏中的"安装类型"选项，对安装类型进行选择，单击"自定义配置创建"单选按钮，然后单击"下一步"按钮，如图 7-49 所示。

图 7-49　选择安装类型

（6）然后选择左侧栏中的"安装介质"选项，对安装介质进行配置。输入虚拟机名称，虚拟类型选择"全虚拟化"，操作系统选择"HVM CentOS 7(64-bit)"，安装方式选择"从 ISO 库中安装"并选择 CentOS 7 的 ISO 镜像，然后单击"下一步"按钮，如图 7-50 所示。

图 7-50　配置安装介质

（7）然后选择左侧栏中的"资源配置"选项，并进行相关配置。输入虚拟机 vCPU 的个数为 2，内存模式选择"专享"，专享内存大小根据业务需要填写对应的数值，然后单击"下一步"按钮，如图 7-51 所示。

图 7-51　资源配置

（8）然后选择左侧栏中的"数据存储"选项，并进行相关配置。选择存储池，填写虚拟磁盘大小，选择配置类型，然后单击"下一步"按钮，如图 7-52 所示。

图 7-52　数据存储

（9）选择左侧栏中的"网络适配置"选项，然后进行相关配置。选择虚拟机网络，然后单击"下一步"按钮，如图 7-53 所示。

图 7-53　配置网络适配器

（10）提示创建成功后，单击"虚拟机摘要"选项卡，然后单击"控制台"按钮，进入"控制台"界面，即可安装 CentOS 7 操作系统，如图 7-54 所示。

图 7-54　"控制台"界面

至此，虚拟机创建、安装完毕，安装完成后就可以通过网络远程对虚拟机进行操作了。

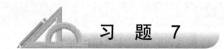

习　题　7

一、选择题

1. 超融合发展至今，已有近十余年的历史。2010 年，VCE 联盟推出了第一代 Vblock 产品，被认为是超融合的产品雏形，该产品包含的设备是(　　)。

    A．VMware 虚拟化软件　　　　　　　B．Cisco 服务器与交换机

    C．IBM 小型机　　　　　　　　　　　D．EMC 存储设备

2. 以国内厂家云宏 CNware WinHCI 为例，云宏超融合架构包含下列(　　)组件。

    A．虚拟化操作系统 WinServer　　　　B．软件定义存储 WinStore

    C．虚拟化管理平台 WinCenter　　　　D．云服务中心 CloudCenter

3. 安装部署超融合系统时，存储网络应该选择网卡是（　　）。

    A．百兆网卡　　　　　　　　　　　　B．千兆网卡

    C．万兆网卡　　　　　　　　　　　　D．IPMI 管理网卡

4. 安装部署超融合两副本系统时，最少需要（　　）个节点服务器。

    A．1　　　　　　B．2　　　　　　C．3　　　　　　D．4

5. 在超融合基础架构中，（　　）是超融合的技术核心。

    A．分布式存储　　　B．虚拟化　　　C．可拓展性计算　　　D．统一平台

6. 以下选项不是超融合软件的构成部分的是（　　）。

    A．Web 控制台　　　B．计算虚拟化　　　C．软件定义存储　　　D．资源孤岛

7. 以下选项不是超融合架构的优势的是（　　）。

    A．可靠性　　　　　B．灵活拓展性　　　C．效率提高　　　　D．存储量提高

8. 对于正式项目来说，超融合一体机服务器磁盘配置要求为，系统盘用（　　），设置数据盘的磁盘模式为（　　）。

    A．SA 盘　直通　　　　　　　　　　B．固态盘　非直通

    C．SAS 盘　直通　　　　　　　　　　D．SAS 盘　非直通

9. 虚拟化管理平台支持的三种虚拟化技术是（　　）。

    A．WinServer、VMware、PowerVM　　B．WinCenter、VMware、PowerVM

    C．WinStore、VMware、PowerVM　　　D．MDC、VMware、PowerVM

10. 某个超融合带 Cache 盘环境单节点数据盘共 6TB 数据盘（有 SSD 场景），WinServer 虚拟化管理需要 8GB 内存，因此总共需要给 Dom0 设置（　　）内存。

    A．18GB　　　　　B．17GB　　　　　C．19GB　　　　　D．20GB

11. WinCenter 的功能架构不包括（　　）模块。

    A．系统管理　　　B．资源控制　　　C．资源管理　　　D．数据管理

二、简答题

1. 什么是超融合架构？

2. 超融合架构与传统架构对比，最核心的区别是什么？

3. 主流超融合技术有哪些？这些技术有哪些区别？

4. 虚拟化管理平台支持的系统管理功能包括哪些？

第 8 章

容 器 技 术

2008 年，Linux 的 Cgroups 资源管理能力和 Linux Namespace（命名空间）隔离能力组合在一起，被集成在 Linux 内核中，正式称为容器技术 LXC（Linux Container）。2013 年，dotCloud 公司改名为 Docker，引入了一整套管理容器的生态系统，包括高效、分层的容器镜像模型、容器注册库、REST API、命令行等，不仅解决了软件开发层面的容器化问题，还一并解决了软件分发环节的问题，为云时代的软件生命周期流程提供了一套完整的解决方案。很快，该套管理容器的生态系统被很多公司选为云计算基础设施建设的标准，容器化技术也成为业内最炙手可热的前沿技术，围绕容器的生态建设迅猛开始。同年年末，CoreOS 应运而生。CoreOS 是一个基于 Linux 内核的轻量级操作系统，专为云计算时代计算机集群的基础设施建设而设计，拥有自动化、易部署、安全可靠、规模化等特性。2014 年 6 月，谷歌推出了容器集群管理系统 Kubernetes（简称 K8S）。近几年的发展，很多厂商投入到 K8S 相关生态的建设中来，以 K8S 为核心的 CNCF 也开始迅猛发展，全球科技企业包括阿里云、腾讯、百度等企业也陆续加入 CNCF，全面研发容器技术与云原生，目前 K8S 已经成为业界标准的编排工具。

8.1　Docker 简介

8.1.1　Docker 的概念

Docker 是一个开源的应用容器引擎，是一种轻量级、可移植、自包含的软件运行环境，使应用程序可以在几乎任何地方以相同的方式运行。开发人员在自己笔记本电脑上创建并测试容器，无须任何修改就能够在生产系统的虚拟机、物理服务器或公有云主机上运行。

一个完整的 Docker 包含 DockerClient（客户端）、Docker Daemon（守护进程）、Docker Image（镜像）、DockerContainer（容器）。

8.1.2　Docker 与虚拟机的区别

容器由应用程序本身和对应的依赖组成，作为操作系统的进程运行在主机操作系统的用户空间中，并且没有自己的 Kernel，与操作系统的其他进程隔离。而虚拟机是在主机中运行的有完整的 Kernel 和用户空间操作系统，与其他虚拟机隔离。

由于所有的容器共享同一个主机操作系统，这使得容器在体积上要比虚拟机小很多。

另外，启动容器不需要启动整个操作系统，所以容器部署和启动速度更快，几乎是秒级的，而虚拟机可能是分钟级别的，因此容器快捷，开销更小，也更容易迁移，得到广泛应用。

目前，几乎虚拟机能够实现的应用，容器都能实现，甚至由于虚拟机因为开销过大不能实现的应用，容器也能实现。

8.1.3 Docker 的优势

对于开发人员可以实现创建一次、在任何地点运行，容器意味着环境隔离和可重复性。开发人员只需为应用创建一次运行环境，然后打包成容器便可在其他机器上运行。另外，容器环境与所在的主机环境是隔离的，就像虚拟机一样，但容器运行更快、结构更简单。

对于运维人员可以实现配置一次、运行任何项目，只需要配置好标准的运行环境，服务器就可以运行任何容器。这使得运维人员的工作变得更高效。容器消除了开发、测试、生产环境的不一致性，真正实现 DevOps。

8.1.4 Docker 镜像分层结构

镜像是 Docker 容器的基石，容器是镜像的运行实例，有了镜像才能启动容器。Docker 镜像分层结构如图 8-1 所示。

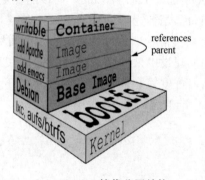

8-1 Docker 镜像分层结构

Docker 镜像是从 Base 镜像开始，一层一层叠加生成的分层结构，下面进行解释。

（1）Kernel 层。Kernel 不属于 Docker 镜像的一部分，属于主机。典型的 Linux 从启动到运行需要两个 bootfs 和 rootfs。bootfs 是通用的，当启动成功后 Kernel 被加载到内存中后，bootfs 就被卸载了。Rootfs（Root file System）就是典型 Linux 系统中的 /dev, /proc, /bin, /etc 等标准目录和文件。

（2）Base Image 层。Base Image 层是构建其他镜像的基础，用户可以根据自己的需要，在基础镜像上安装需要的软件，并生成新的镜像。Base Image 层是只读的，如多个容器共享一份基础镜像，当某个容器修改了基础镜像的内容，如 /etc 下的文件，这时其他容器的 /etc 是不变的。

（3）Image 层。管理人员在 Base Image 层基础上安装一个应用软件就生成新的一层，每层均称为 Image 层，一个 Docker 镜像可能是由一个 Base Image 再加上多个 Image 组成的。Image 层和 Base Image 层一样也是只读的。

（4）Container 层。当容器启动时，一个新的可写层被加载到镜像的顶层，该层被称为

Container 层，对容器的所有改动，无论是添加、删除、还是修改文件都只会发生在 Container 层中。

8.1.5　Docker 容器的 Copy-on-Write 特性

镜像层数量可能会很多，所有镜像层会联合在一起组成一个统一的文件系统。若不同层中有一个相同路径的文件，如 /a，上层的 /a 会覆盖下层的 /a，也就是说用户只能访问到上层中的文件 /a。在 Container 层中，用户看到的是一个叠加之后的文件系统。

（1）添加文件。在容器中创建文件时，新文件被添加到容器层中。

（2）读取文件。在容器中读取某个文件时，Docker 会从上往下依次在各镜像层中查找此文件。一旦找到，立即将其复制到 Container 层，然后打开并读入内存。

（3）修改文件。在容器中修改已存在的文件时，Docker 会从上往下依次在各镜像层中查找此文件。一旦找到，立即将其复制到 Container 层，然后对其进行修改。

（4）删除文件。在容器中删除文件时，Docker 也是从上往下依次在镜像层中查找此文件。找到后，会在容器层中记录此删除操作。

只有当需要修改时，才复制一份数据，这种特性被称为 Copy-on-Write。可见，Container 层保存的是镜像变化的部分，不会对镜像本身进行任何修改。

8.2　Kubernetes

8.2.1　了解 Kubernetes

2017 年 10 月，Docker 宣布将在新版本中加入对 Kubernetes 的原生支持。目前，AWS、Azure、Google、阿里云、腾讯云等主流公有云提供的是基于 Kubernetes 的容器服务；Rancher、CoreOS、IBM、Mirantis、Oracle、Red Hat、VMWare 等厂商也在大力研发和推广基于 Kubernetes 的容器 CaaS 或 PaaS 产品。可以说，Kubernetes 是当前容器行业微服务架构中标准配置。

Kubernetes 作为微服务架构的管理平台有它天然的优势。Kubernetes 工作环境几乎没有限制。不管由什么语言、什么框架写的应用（Java, Python, Node.js），Kubernetes 都可以在物理服务器、虚拟机、云环境等环境中安全的启动它。

Kubernetes 完全兼容各种云服务提供商，如 Google Cloud、Amazon、Microsoft Azure，还可以工作在 CloudStack、OpenStack、OVirt、Photon、VSphere 等。

Kubernetes 有先进的调度能力。若 Kubernetes 发现有节点工作不饱和，则会重新为节点分配 pod，这样可以高效地利用内存、处理器等资源。若一个节点宕机了，则 Kubernetes 会自动重新创建之前运行在此节点上的 pod，反之亦然，当负载下降时，Kubernetes 也会自动减少 pod 的数量。

Kubernetes 具有较强的自动缩放能力。若用户数量突然暴增，现有的 pod 规模不足，则会自动创建一批新的 pod，以适应当前的用户需求。

总之，Kubernetes 的功能非常多，包括负载均衡、健康检查、滚动升级、失败冗余、资源监控、日志访问、调试应用程序、认证和授权、容灾恢复、DevOps 等。

8.2.2　Kubernetes 的关键概念

（1）Cluster。Cluster 是计算、存储、网络资源的集合，由一组节点（Node）组成，这些节点可以是物理服务器或者虚拟机，其上安装了 Kubernetes 平台。

（2）Master。是整个 Cluster 的"大脑"，用于控制 Kubernetes 的所有节点，所有任务和资源的分配都由 Master 统一调度管理。

（3）Node。除了 Master 的其他计算机，均被称为节点，节点可以是一台物理主机，也可以是虚拟机，是集群中的工作负载节点。

（4）Pod。Pod 是 Kubernetes 分配的最小工作单元，被部署在节点上，每个 Pod 可以包含一个或多个容器。Pod 中所有容器共享相同的网络空间和资源，即具有相同的 IP 地址、IPC、主机名称、卷及其他资源。

（5）Service。Service 为一组 Pod 提供单一稳定的名称和地址。

（6）Namespace。Namespace 可以将一个物理的 Cluster 在逻辑上划分成多个虚拟 Cluster，每个 Cluster 都是一个 Namespace。不同 Namespace 中的资源是完全隔离的。

Kubernetes 默认创建了两个 Namespace，即 Defaul 和 Kube-System。在创建资源时，若不指定，则将被放到 Defaul 中，Kubernetes 自己创建的系统资源将放到 Kube-System 中。

（7）Controller Manager。Controller Manager 由 Kube-Controller-Manager 和 Cloud-Controller-Manager 组成，是 Kubernetes 的"大脑"，它通过 Apiserver 监控整个集群的状态，并确保集群处于预期的工作状态。

8.2.3　Kubernetes 架构

Kubernetes 集群属于主从分布式架构，主要由一台到多台 Master Node 和一台到多台 Worker Node 组成。

（1）Master Node。Master Node 作为控制节点，对集群进行整体调度管理，是整个集群的大脑，可以运行在物理机、虚拟机或者公有云上的虚机中。Master Node 由 API Server、Scheduler、Cluster State Store 和 Controller-Manger Server 等组成，负责认证和授权、Pod 部署调度、扩容、状态存储、创建群集等工作。

（2）Worker Node。Worker Node 节点上主要有三个组件，即 Kubelet、Kube-Proxy、Container Engine。分别负责定期向 Master 节点汇报该节点的资源使用情况、负载均衡和容器生命周期管理。

8.2.4　Kubernetes 的网络架构

Kubernetes 网络架构由 3 套体系组成，分别是 Node 网络、Service 网络、Pod 网络，如图 8-2 所示。

Node 网络本身不属于 Kubernetes 集群网络，属于组织内部的网络（部署在组织内部网络上的主机网络），或者公有云上主机实例所在的网络，目的是连接所有的 Master 和 Worker 主机节点的。

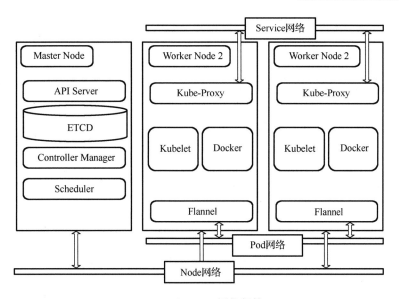

8-2　Kubernetes 网络架构

Service 网络是 Kube-Proxy 通过 Iptables 规则虚拟出来的 ClientIP 所在的网络，专用于 Service 资源对象，它是一个虚拟网络，用于为 K8S 集群中的 Service 配置 IP 地址，但是该地址不会配置在任何主机或容器的网络接口上，而是通过 Node 上的 Kube-Proxy 配置为 Iptables 或 Ipvs 规则，从而将发往该地址的所有流量调度到后端的各 Pod 对象上。

Pod 网络是 Kubernetes 中的 Overlay 网络，是不同 Node 中 Pod 通信所用的网络，专用于 Pod 资源对象的虚拟网络，用于为各 Pod 对象设定 IP 地址等网络参数，其地址配置在 Pod 中容器的网络接口上。Pod 网络需要借助 Kubenet 插件或 CNI 插件实现。

8.3　项目实验

8.3.1　项目实验 10　利用容器运行 Web 服务

1. 项目描述

（1）项目背景。基于业务需求，某 IT 公司想将自己信息系统的业务移植到容器（Docker）上面，现在技术人员已经创建虚拟机测试环境，现在需要测试安装 Docker，并测试运行 Web 服务。

（2）拓扑。采用一台已经安装好 Ubuntu 操作系统的计算机，并配置好网络，能与互联网正常通信，也可以采用在 VMware Workstation 上安装虚拟机的方式实现。Kubernetes 部署环境如图 8-3 所示。

Master 节点

图 8-3　Kubernetes 部署环境

（3）主机地址分配表。主机地址分配表如表 8-1 所示。

表 8-1　主机地址分配表

节点角色	主机名称	IP 地址	子网掩码	默认网关
Master 节点	blockchain	192.168.47.132	255.255.255.0	无

（4）任务内容。

第 1 部分：安装和配置 Docker。

- 配置和测试 Docker 安装环境。
- 安装和配置 Docker。

第 2 部分：在容器中运行 Web 服务。

- 启动 Apache Web 服务。
- 测试 Web 容器运行效果。

（5）所需资源。

- 1 台主机（安装 Ubuntu 20.04 操作系统），能与互联网通信，也可以采用虚拟机实现。
- 1 台计算机（采用 Windows 7、 Windows 10 且支持终端模拟程序，如 putty，crt 等）。

2. 项目实施

第 1 部分：安装和配置 Docker

步骤 1：配置和测试 Docker 安装环境。主要是测试与互联网的连通性，对 APT 源进行更新，配置必备的工具软件、添加 Docker 官方 GPG Key 等工作，为安装 Docker 做准备。

（1）测试网络连通性。安装好 Ubuntu 系统后，测试与互联网的连通性，保证能通过域名方式与互联网通信，这里测试到百度的连通性。

```
root@ubuntu16:/# ping -c 2 www.baidu.com
PING www.a.shifen.com (14.215.177.38) 56(84) bytes of data.
64 bytes from 14.215.177.38: icmp_seq=1 ttl=51 time=3.32 ms
64 bytes from 14.215.177.38: icmp_seq=2 ttl=51 time=3.57 ms
--- www.a.shifen.com ping statistics ---
2 packets transmitted, 2 received, 0% packet loss, time 4009ms
rtt min/avg/max/mdev = 2.823/3.411/3.900/0.355 ms
```

（2）更新源。在命令提示符下，以管理员身份执行 apt-get update 更新源。

```
root@blockchain:/# apt-get update
Hit:1 http://mirrors.aliyun.com/ubuntu bIOnic InRelease
......   #此处省略部分信息
Reading package lists... Done
```

（3）配置安装环境。安装 Docker 需要的工具 Apt-Transport-Https、Ca-certificates、Curl、Gnupg-Agent、Software-Properties-Common。

Apt-Transport-Https：是一个能使 APT 通过 HTTPS 方式访问 Docker 的源。计算机根据一组已存储的可信密钥检查这些签名，若缺少有效签名或者密钥不可信，则 APT 会拒绝下载该文件。这样可以确保安装的软件来自授权方，并且未被修改或替换。

Ca-Certificates：用来管理和维护证书。

Curl：是一个利用 URL 语法在命令行下工作的文件传输工具。Curl 支持的通信协议有 FTP、FTPS、HTTP、HTTPS、TFTP、SFTP、Gopher、SCP、Telnet、DICT、FILE、LDAP、LDAPS、IMAP、POP3、SMTP 和 RTSP。

Gnupg-Agent：GPG 代理主要用作守护进程来请求和缓存密钥链的密码。例如，用作外部程序邮件客户端等。

Software-Properties-Common：用于添加 PPA（Personal Package Archive）源的小工具，个人包档案。使用 PPA，软件制作者可以轻松地发布软件，并且能够准确地升级 Ubuntu，用户使用 PPA 源将更加方便地获得软件的最新版本。

执行如下命令。

```
root@blockchain:/#  apt-get  install  apt-transport-https  ca-
certificates curl gnupg-agent    software-properties-common
    Reading package lists... Done
    Building dependency tree
    ……（此处省略了命令执行部分显示信息）
    After this operatIOn, 54.3 kB disk space will be freed.
    Do you want to continue? [Y/n] y
    ……（此处省略了命令执行部分显示信息）
    Running hooks in /etc/ca-certificates/update.d...
    done.
```

（4）添加 Docker 官方 GPG Key。

```
root@blockchain:/#curl   -fsSL   https://download.docker.com/linux/
ubuntu/ gpg| sudo apt-key add -
    OK
```

若此处显示"OK"则表示添加成功。

（5）将 Docker 的源添加到/etc/apt/sources.list 中。

```
root@blockchain:/#  add-apt-repository  "deb  [arch=amd64]  https://
download.docker.com/linux/ubuntu $(lsb_release -cs) stable"
    Hit:1 http://mirrors.aliyun.com/ubuntu bIOnic InRelease
    ……（此处省略了命令执行部分显示信息）
    Reading package lists... Done
```

以上程序执行完毕后，执行 apt-get update 命令进行更新。

步骤 2：安装和配置 Docker。该步骤主要是安装 Docker 组件，并配置 Docker 加速器（目的是提高速度）。

（1）安装 Docker 组件。执行 apt-get install 命令安装 Docker 组件，docker-ce 是 Docker

的守护进程，docker-ce-cli 提供用户命令行接口，containerd.io 提供 Docker 守护进程与操作系统的接口。

```
root@blockchain:/#    apt-get    install    docker-ce    docker-ce-cli
containerd.io
    Reading package lists... Done
    ......（此处省略了命令执行部分显示信息）
    After this operatIOn, 390 MB of additIOnal disk space will be used.
    Do you want to continue? [Y/n] y
    ......（此处省略了命令执行部分显示信息）
    Processing triggers for ureadahead (0.100.0-21) ...
```

至此，命令执行完毕，安装成功。

（2）配置加速器。

用户使用账号登录阿里云，没有账号的用户可以用淘宝账号或者支付宝账号直接登录，然后搜索"容器镜像服务"进入管理控制台，并申请加速器，"阿里云容器镜像服务"界面如图 8-4 所示。根据提示进行操作，图 8-5 中有详细的操作说明。

图 8-4 "阿里云容器镜像服务"界面

图 8-5　配置阿里云加速器

进入/etc/docker 目录，编辑以下文件。

```
root@blockchain:/etc/docker#vim daemon.json
{
  "registry-mirrors": ["https://y6akxxyg.mirror.aliyuncs.com"]
}
```

保存编辑的文件，重新加载 Docker。

```
root@blockchain:/etc/docker# systemctl daemon-reload
root@blockchain:/etc/docker# systemctl restart docker
```

第 2 部分：在容器中运行 Web 服务

步骤 1：启动 Apache Web 服务。

运行一个简单的 Apache 服务。执行 docker run -d -p 80:80 httpd 命令，该命令中 run 是运行容器的命令，-d 是后台执行，不占用终端；-p 80:80 是设置端口，前面的 80 是暴露在宿主机的端口，后面的 80 是 http 容器运行提供端口；命令的最后 http 是容器镜像。后面会详细介绍。

```
root@blockchain:/etc/docker# docker run -d -p 80:80 httpd
Unable to find image 'httpd:latest' locally
latest: Pulling from library/httpd
```

```
f5d23c7fed46: Pull complete
……（此处省略了命令执行部分显示信息）
Digest:
sha256:dc4c86bc90593c6e4c5b06872a7a363fc7d4eec99c5d6bfac881f7371adcb2c4
Status: Downloaded newer image for httpd:latest
bed228e044534b5d0da57ea847f524fab636e1ca927871a4ae0fa6607973ffe8
```

步骤 2：测试容器运行效果。该步骤测试 Web 容器运行效果，并在宿主机上查看 Docker 进程。为了节省资源，最后要关闭容器。

（1）客户端测试容器运行效果。在任意可以与 Docker Host 宿主机连通的主机上运行浏览器，输入 Docker Host 宿主机的 IP 地址测试 http 服务运行情况，如图 8-6 所示。

图 8-6　测试 http 服务

（2）查看 Docker 进程。在命令行中用 docker ps 命令查看当前正在运行的容器，从运行的结果上看，该 Web 容器可以正常运行。

```
root@blockchain:/# docker ps
CONTAINER ID          IMAGE               COMMAND              CREATED
STATUS          PORTS              NAMES
      bed228e04453          httpd              "httpd-foreground"          5
minutes ago     Up 5 minutes       0.0.0.0:80->80/tcp      practical_brattain
```

（3）测试关闭容器。至此，容器运行测试成功，对于没有用的容器将其关闭，以免占用宿主机资源。利用 docker stop 命令关闭容器。

```
root@blockchain:/# docker stop bed228e04453
bed228e04453
```

至此，完成 Docker 的安装，并测试、运行了一个 http 容器。

3. 分析与思考

（1）利用容器运行 Web 服务，需要宿主机与互联网正常通信，保障配置容器安装环境、容器安装及镜像下载正常执行。

（2）配置加速器的目的是由于使用国外的环境下载镜像速度较慢，因此配置阿里云的镜像源，速度会明显加快，但不是仅能配置阿里云的加速器，也可以配置其他镜像源加速器。

（3）本案例采用 Apache 的 Web 服务进行测试，读者可以采用 Nginx 测试 Web 服务，查看 Docker 进程状况。

（4）更详细的操作可以参考《Docker 容器技术实战项目化教程》一书。

8.3.2　项目实验 11　部署和测试 Kubernetes 集群

1. 项目描述

（1）项目背景。基于业务需求，某 IT 公司已经将公司的网络 Web 服务业务迁移到容器上运行，现在决定通过 Kubernetes 进行统一管理和编排，本项目实验任务是安装 Kubernetes 组件，创建 Kubernetes 集群，并查看和测试 Kubernetes 集群工作。

（2）拓扑。部署 Kubernetes 集群实验，网络设备选型采用 3 个节点，其中 1 个节点作为 Master 节点，另 2 个节点作为 Worker 节点。3 个节点可以是物理主机，也可以采用 VMware Workstation 上安装虚拟机的方式实现。Kubernetes 部署环境如图 8-7 所示。

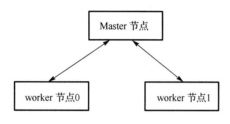

图 8-7　Kubernetes 部署环境

（3）主机地址分配表。主机地址分配表如表 8-2 所示。

表 8-2　主机地址分配表

节点角色	主机名称	IP 地址	子网掩码	默认网关
Master 节点	blockchain	192.168.47.132	255.255.255.0	无
worker 节点 0	ubuntu-chain0	192.168.47.133	255.255.255.0	无
worker 节点 1	ubuntu-chain1	192.168.47.134	255.255.255.0	无

（4）任务内容。

第 1 部分：安装 Kubernetes 组件。

- 安装和配置 Docker。
- 安装和配置 Kubernetes 组件。

第 2 部分：初始化集群。

- 初始化 Master 节点。
- 将 Worker 节点接入集群。
- 查看和测试集群节点。

（5）所需资源。

- 3 台主机（安装 Ubuntu 20.04 操作系统）并处于同一网段。
- 1 台计算机（采用 Windows 7、 Windows 10 且支持终端模拟程序，如 putty、crt 等）。

2. 项目实施

第 1 部分：安装 Kubernetes 组件。

步骤 1：安装和配置 Docker。请参阅本章实验 1 安装和配置 Docker 部分，确保每个节点都完成该步骤操作。

步骤 2：安装和配置 Kubernetes 组件。

（1）下载 Kubernetes 证书并添加源。

```
      root@blockchain:         ~       .       #              curl
https://mirrors.aliyun.com/kubernetes/apt/doc/apt-key.gpg | apt-key add -
      root@blockchain:    ~    .    #                       cat    <<EOF
>/etc/apt/sources.list.d/kubernetes.list
      > deb https://mirrors.aliyun.com/kubernetes/apt/ kubernetes-xenial
main
      > EOF
```

（2）更新源列表。

```
root@blockchain:~. # apt-get update
```

（3）修改 Cgroupdriver。将 Cgroupdriver 改成 Systemd，使 Kubelet 与 Docker 兼容。

```
vi /etc/docker/daemon.json
{
    "registry-mirrors": ["https://y6akxxyg.mirror.aliyuncs.com"],
    "insecure-registries": ["192.168.47.132:5000"],
    "exec-opts": ["native.cgroupdriver=systemd"]    #增加一行
}
```

（4）创建 docker.service.d 目录。

```
root@blockchain:/etc/default#                                          cd
/etc/systemd/system/docker.service.d
```

（5）重启 Docker。

```
root@blockchain:/# systemctl daemon-reload
root@blockchain:/# systemctl restart docker
```

（6）安装 Kubernetes 组件。

```
root@blockchain:/# apt-get install -y kubelet kubeadm kubectl
```

以上操作是在 Master 节点上实现的，另外 2 个节点同样需要按照该方法安装 Docker 和 Kubernetes 组件。

第 2 部分：初始化集群。

步骤 1：初始化 Master 节点。

（1）修改 10-kubeadm.conf 配置文件，禁用 Swap，增加环境变量。

```
vi /etc/systemd/system/kubelet.service.d/10-kubeadm.conf
```

```
......   （此处省略了部分显示信息）
EnvironmentFile=-/etc/default/kubelet
Environment="KUBELET_SWAP_ARGS=--fail-swap-on=false"
ExecStart=/usr/bin/kubelet                    $KUBELET_KUBECONFIG_ARGS
$KUBELET_CONFIG_ARGS        $KUBELET_KUBEADM_ARGS        $KUBELET_EXTRA_ARGS
$KUBELET_SWAP_ARGS
```

或者用 swapoff -a 命令将 Swap 禁用，但是这是临时禁用，重启后不生效，若需要永久禁用 Swap，则可以修改/etc/fstab 文件，将 Swap 那一行注释掉。

（2）在 Master 主机上用命令 Kubeadm init 进行初始化。下面是完整命令格式及输出，需要记录信息，在随后的命令中会用到该命令的输出信息（为了方便说明，将输出内容加了行号）。

```
     root@blockchain:/#  kubeadm  init            --apiserver-advertise-
address=192.168.47.132      --image-repository registry.aliyuncs.com/google_
containers          --kubernetes-version=v1.18.2              --pod-network-
cidr=10.244.0.0/16      --ignore-preflight-errors=Swap
     1 W0527 02:09:40.725153   20500 configset.go:202] WARNING: kubeadm
cannot validate component configs for API groups [kubelet.config.k8s.I/O
kubeproxy
        .config.k8s.io]
     2 [init] Using Kubernetes version: v1.18.2
     3 [preflight] Running pre-flight checks
     4          [WARNING Swap]: running with swap on is not supported.
Please disable swap
     5 [preflight] Pulling images required for setting up a Kubernetes
cluster
     6 [preflight] This might take a minute or two, depending on the
speed of your internet connection
     7 [preflight] You can also perform this action in beforehand using
'kubeadm config images pull'
     8 [kubelet-start] Writing kubelet environment file with flags to
file "/var/lib/kubelet/kubeadm-flags.env"
     9  [kubelet-start]  Writing  kubelet  configuration  to  file
"/var/lib/kubelet/config.yaml"
     10 [kubelet-start] Starting the kubelet
     11 [certs] Using certificateDir folder "/etc/kubernetes/pki"
     12 [certs] Generating "ca" certificate and key
     13 [certs] Generating "apiserver" certificate and key
     14 [certs] apiserver serving cert is signed for DNS names
[blockchain   kubernetes   kubernetes.default   kubernetes.default.svc
kubernetes.default.svc.clu
        ster.local] and IPs [10.96.0.1 192.168.47.132]
     15 [certs] Generating "apiserver-kubelet-client" certificate and key
     16 [certs] Generating "front-proxy-ca" certificate and key
     17 [certs] Generating "front-proxy-client" certificate and key
     18 [certs] Generating "etcd/ca" certificate and key
```

```
   19 [certs] Generating "etcd/server" certificate and key
   20 [certs] etcd/server serving cert is signed for DNS names
[blockchain localhost] and IPs [192.168.47.132 127.0.0.1 ::1]
   21 [certs] Generating "etcd/peer" certificate and key
   22 [certs] etcd/peer serving cert is signed for DNS names
[blockchain localhost] and IPs [192.168.47.132 127.0.0.1 ::1]
   23 [certs] Generating "etcd/healthcheck-client" certificate and key
   24 [certs] Generating "apiserver-etcd-client" certificate and key
   25 [certs] Generating "sa" key and public key
   26 [kubeconfig] Using kubeconfig folder "/etc/kubernetes"
   27 [kubeconfig] Writing "admin.conf" kubeconfig file
   28 [kubeconfig] Writing "kubelet.conf" kubeconfig file
   29 [kubeconfig] Writing "controller-manager.conf" kubeconfig file
   30 [kubeconfig] Writing "scheduler.conf" kubeconfig file
   31 [control-plane] Using manifest folder "/etc/kubernetes/manifests"
   32 [control-plane] Creating static Pod manifest for "kube-apiserver"
   33 [control-plane] Creating static Pod manifest for "kube-
controller-manager"
   34 W0527 02:09:59.440385   20500 manifests.go:225] the default kube-
apiserver authorization-mode is "Node,RBAC"; using "Node,RBAC"
   35 [control-plane] Creating static Pod manifest for "kube-scheduler"
   36 W0527 02:09:59.445236   20500 manifests.go:225] the default kube-
apiserver authorization-mode is "Node,RBAC"; using "Node,RBAC"
   37 [etcd] Creating static Pod manifest for local etcd in
"/etc/kubernetes/manifests"
   38 [wait-control-plane] Waiting for the kubelet to boot up the
control plane as static Pods from directory "/etc/kubernetes/manifests".
This can take up to 4m0s
   39 [apiclient] All control plane components are healthy after
38.515300 seconds
   40 [upload-config] Storing the configuration used in ConfigMap
"kubeadm-config" in the "kube-system" Namespace
   41 [kubelet] Creating a ConfigMap "kubelet-config-1.18" in namespace
kube-system with the configuration for the kubelets in the cluster
   42 [upload-certs] Skipping phase. Please see --upload-certs
   43 [mark-control-plane] Marking the node blockchain as control-plane
by adding the label "node-role.kubernetes.io/master=''"
   44 [mark-control-plane] Marking the node blockchain as control-plane
by adding the taints [node-role.kubernetes.io/master:NoSchedule]
   45 [bootstrap-token] Using token: xm14qm.ha0pgl0utpn5tzwf
   46 [bootstrap-token] Configuring bootstrap tokens, cluster-info
ConfigMap, RBAC Roles
   47 [bootstrap-token] configured RBAC rules to allow Node Bootstrap
tokens to get nodes
   48 [bootstrap-token] configured RBAC rules to allow Node Bootstrap
tokens to post CSRs in order for nodes to get long term certificate credentials
   49 [bootstrap-token] configured RBAC rules to allow the csrapprover
```

```
controller automatically approve CSRs from a Node Bootstrap Token
    50 [bootstrap-token] configured RBAC rules to allow certificate
rotation for all node client certificates in the cluster
    51 [bootstrap-token] Creating the "cluster-info" ConfigMap in the
"kube-public" namespace
    52 [kubelet-finalize] Updating "/etc/kubernetes/kubelet.conf" to
point to a rotatable kubelet client certificate and key
    53 [kubelet-check] Initial timeout of 40s passed.
    54 [addons] Applied essential addon: CoreDNS
    55 [addons] Applied essential addon: kube-proxy
    57 Your Kubernetes control-plane has initialized successfully!
    59 To start using your cluster, you need to run the following as a
regular user:
    61  mkdir -p $HOME/.kube
    62  sudo cp -i /etc/kubernetes/admin.conf $HOME/.kube/config
    63  sudo chown $(id -u):$(id -g) $HOME/.kube/config
    65 You should now deploy a pod network to the cluster.
    66 Run "kubectl apply -f [podnetwork].yaml" with one of the options
listed at:
    67  https://kubernetes.io/docs/concepts/cluster-administration/ addons/
    69 Then you can join any number of worker nodes by running the
following on each as root:
    71 kubeadm join 192.168.47.132:6443 --token xm14qm.ha0pgl0utpn5tzwf \
    72      --discovery-token-ca-cert-hash sha256:d87d1dfae264c2b5f3afb667
adb1eaadead8c93013ffad05caa9d8f4778c0676
```

命令输出说明（不同环境输出 log 信息不同，仅做参考）。

第 2 行，初始化，说明 Kubernetes 的版本是 v1.18.2。

第 3 行，初始化前的检查。

第 4 行，说明要禁用 Swap。

第 5~7 行，说明下载所需要的镜像信息，用户可以提前下载，本案例已提前下载。

第 8~10 行，写入 Kubelet 配置文件，启动 Kubelet。

第 11~25 行，初始化证书数据库。

第 26~30 行，利用/etc/kubernetes 文件夹下的配置文件，配置 Master 节点的各个组件（如 Kubeadm、Kubelete、Controller-Manager、Scheduler）。

第 31~44 行，初始化 Master 的组件，创建各个组件的 Pod，保存数据。

第 45~52 行，输出各个组件启动令牌认证信息。

第 53 行，Kubelet-Check 检查时间。

第 54~55 行，安装附加组件 CoreDNS 和 Kube-Proxy。

第 57 行，输出初始化成功信息。

第 59~63 行，提示用户怎样配置 Kubectl 客户端。

第 65~67 行，提示怎样配置 Pod 网络。

第 69~72 行，提示怎样将其他 Worker 节点加入集群中。

（3）配置 Kubectl 客户端。可以按照第 59~63 行输出的提示信息配置 Kubectl 客户端工具，配置完成后就可以用 Kubectl 客户端工具对集群进行管理了。

说明：Kubernetes 不建议采用管理员身份进行管理（实际工作中，不建议直接用管理员身份进行管理），此处建议用普通用户。

① 切换普通用户 Adminroot。

```
root@blockchain:~. # su adminroot
adminroot@blockchain:/root$ cd ~.
```

② 执行第 59～63 行的提示信息。

```
adminroot@blockchain:~. $ mkdir -p $HOME/.kube
adminroot@blockchain:~. $ sudo cp -i /etc/kubernetes/admin.conf $HOME/.kube/config
adminroot@blockchain:~. $ sudo chown $(id -u):$(id -g) $HOME/.kube/config
```

执行完毕后，可以通过 Adminroot 使用 Kubectl 命令管理集群了。

（4）查看集群。

① 查看集群状况。使用 kubectl get cs 命令查看集群状况。

```
adminroot@blockchain:~. $ kubectl get cs
NAME                    STATUS      MESSAGE              ERROR
scheduler               Healthy     ok
controller-manager      Healthy     ok
etcd-0                  Healthy     {"health":"true"}
```

② 查看集群节点信息。用 kubectl get nodes 命令查看集群节点信息，可以看到当前集群节点只有 Master 节点，而且状态还是 NotReady，说明集群还处于没准备好状态。

```
adminroot@blockchain:~. $ kubectl get nodes
NAME            STATUS      ROLES     AGE     VERSION
blockchain      NotReady    master    101m    v1.18.3
```

③ 查看 Master 节点详细信息。

```
adminroot@blockchain:~. $ kubectl describe node blockchain
```

显示信息省略，通过 kubectl describe 命令的输出，可以查看节点的名称、角色、IP 地址、系统配置、容器运行、资源配额等信息，也可以明显看出节点处于 Node Not Ready 状态，Kubelet Not Ready 和 Runtime Network Not Ready 状态表示尚未部署任何网络插件。

（5）配置 Pod 网络。

① 配置 raw.githubusercontent.com 地址解析。先修改 hosts 文档，并加入一行命令 "151.101.76.133 raw.githubusercontent.com"，目的是能正确解析 raw.githubusercontent. com 的 IP 地址 151.101.76.133（该地址是香港地址，全球有多个地址对应该域名，151.101.76.133 并不是唯一地址）。若互联网不能正确解析 raw.githubusercontent.com 地址，则可以用 nslookup 命令测试；若能正确解析，则该步骤可以省略。

```
adminroot@blockchain:~. $ sudo vi /etc/hosts
......
151.101.76.133 raw.githubusercontent.com
```

② 配置 Pod 网络。可以按照第 65～67 行输出的提示信息配置 Pod 网络。

```
adminroot@blockchain: ～ . $ kubectl apply -f https://raw.
githubusercontent. com/coreos/flannel/master/DocumentatIOn/kube-flannel.yml
```

步骤 2：将 Worker 节点加入集群中。

（1）修改 10-kubeadm.conf 文件。修改 Worker 节点的 10-kubeadm.conf 配置文件，并禁用 Swap。

```
root@ubuntu-chain0:~. #vi /etc/systemd/system/kubelet.service.d/10-
kubeadm.conf
Environment="KUBELET_CONFIG_ARGS=--
config=/var/lib/kubelet/config.yaml"
EnvironmentFile=-/var/lib/kubelet/kubeadm-flags.env
EnvironmentFile=-/etc/default/kubelet
Environment="KUBELET_SWAP_ARGS=--fail-swap-on=false"
ExecStart=/usr/bin/kubelet $KUBELET_KUBECONFIG_ARGS $KUBELET_CONFIG_ARGS
$KUBELET_KUBEADM_ARGS $KUBELET_EXTRA_ARGS $KUBELET_SWAP_ARGSo
```

（2）安装 Kubernetes 组件（省略，参考 Master 的操作）。

（3）修改/etc/docker/daemon.json 文件。将命令 native.cgroupdriver=systemd 加入到文件中（具体参考 Master 的操作完成该部分内容）。

（4）将 Worker 节点加入集群中。若当时没记下来加入命令，则可以用 kubeadm token create --print-join-command 命令在 Master 节点上重新生成。

```
root@ubuntu-chain0: ～ . # kubeadm join 192.168.47.132:6443 --ignore-
preflight-errors=Swap --token xm14qm.ha0pgl0utpn5tzwf    --discovery-token-ca-
cert-hash sha256:d87d1dfae264c2b5f3afb667adb1eaadead8c93013ffad05caa9d8f4778c0676
```

（5）使用同样的方法将 Ubuntu-Chain1 节点加入集群中。

步骤 3：查看和测试集群节点。

（1）查看节点信息。使用 kubectl get nodes 命令查看节点信息，可以看到 3 个节点都处于 Ready 状态，表明 3 个节点都已经加入集群中，并且都处于可用状态（若刚执行完加入节点命令初次查看 3 个节点没有全部处于 Ready 状态，则可以稍等一段时间后再次查看，这是系统可能还没有完全准备好）。

```
root@blockchain:~. # kubectl get nodes
NAME            STATUS    ROLES     AGE    VERSION
blockchain      Ready     master    8h     v1.18.3
ubuntu-chain0   Ready     <none>    22m    v1.18.3
ubuntu-chain1   Ready     <none>    22m    v1.18.3
```

（2）查看 Pod 的命名空间信息。可以用 kubectl get pod --all-namespaces 命令查看 Pod 的命名空间，Kubernetes 的组件均运行在 Kube-System 命名空间中，所有组件均处于 Running 状态。

```
root@blockchain:~. # kubectl get pod --all-namespaces
NAMESPACE      NAME                    READY   STATUS    RESTARTS   AGE
kube-system    coredns-7ff77c879f-jflgj      1/1    Running   0        8h
kube-system    coredns-7ff77c879f-w5rkg      1/1    Running   0        8h
kube-system    etcd-blockchain               1/1    Running   0        8h
kube-system    kube-apiserver-blockchain     1/1    Running   0        8h
kube-system    kube-controller-manager-blockchain  1/1   Running   3    8h
kube-system    kube-flannel-ds-amd64-4gh58   1/1    Running   0        22m
kube-system    kube-flannel-ds-amd64-5wbnv   1/1    Running   0        22m
kube-system    kube-flannel-ds-amd64-m7g7h   1/1    Running   0        157m
kube-system    kube-proxy-mb8jf              1/1    Running   0        22m
kube-system    kube-proxy-s4z8c              1/1    Running   0        22m
kube-system    kube-proxy-tp7vc              1/1    Running   0        8h
kube-system    kube-scheduler-blockchain     1/1    Running   5        8h
```

至此，Kubernetes 集群创建完成，从查看的信息可以看到 Master 节点和 Worker 节点均运行正常，可以提供服务，读者可以尝试利用 Kubernetes 部署 Nginx 集群服务。

3. 分析与思考

Kubernetes 支持多种 Runtime，官方网站讲解 Docker、CRI-O、Containerd、frakti 等 Runtime 安装步骤，本案例采用 Docker 实现，需要所有主机首先安装好 Docker。下面总结运用 Docker Runtime 部署 Kubernetes 要点。

（1）部署 Kubernetes 时，需要关闭 Swap，也就是禁止使用虚拟内存，因为使用硬盘进行虚拟内存交换影响速度，降低性能，为了提高性能，故需要关闭 swap。

（2）Cgroupdriver 驱动修改，可以将 Docker 的 Cgroupdriver 改成 Systemd，这样使 Kubelet 与 Docker 兼容，由于 Kubelet 默认的 Cgroupdriver 是 Systemd，而 Docker 默认的是 Cgroupfs（可以用命令 docker info 查看到）；也可以将 Kubelet 的 Cgroupdriver 驱动修改为 Cgroupfs，只要二者相兼容即可。

（3）Worker 节点加入集群后节点状态发生改变需要一段时间，因为需要下载一些镜像，这取决于用户网络速度，若下载不成功，则可以再次执行命令并进行测试。

（4）本实验通过虚拟机部署 K8S 集群，思考是否可以在私有云或者公有云的实例环境中部署 K8S 集群。

（5）更详细的操作可以参考《Docker 容器技术实战项目化教程》一书中的项目八部分。

习 题 8

一、单项选择题

1. 若 OpenStack 提供的是 IAAS 层，则 Kubernetes 提供的是（   ）。

    A. IAAS   B. PAAS   C. SAAS   D. BAAS

2. 在 Kubernete 所有节点都需运行并与容器互动的组件是（   ）。

    A. Apiserver   B. Controller-Manager   C. Kubelet   D. Scheduler

3．下列（　　）组件提供 Kubernete 命令行 cli 功能。

    A．Kubect   B．Kube-Proxy   C．Kubelet   D．Kubetest

4．以下（　　）可以用于 Kubernete 超大规模 worker 节点环境下性能测试。

    A．Painter   B．Exchange   C．Trident   D．Kubemark

5．下列（　　）命令不属于 Kubernete 部署工具 Kubeadm。

    A．init   B．join   C．reset   D．kubectl

6．通常 Kubernete 中 Worker 节点中不包含的组件是（　　）。

    A．Apiserver   B．RunTime   C．Kubelet   D．Kube-Proxy

7．在 Kubernete 中调度最小的单元是（　　）。

    A．Pod   B．Container   C．Server   D．Node

8．容器镜像描述错误的是（　　）。

    A．容器镜像是分层的   B．容器镜像只有容器层可以写入

    C．容器镜像每层均可以读/写   D．容器镜像可以运行容器

9．对于容器技术描述错误的是（　　）。

    A．Runc 是 Docker 的运行时   B．Lxd 是 Linux 的运行时

    C．Rkt 是 CoreOS 的运行时   D．Domain 是 Redhat 的运行时

10．存放容器镜像的地方被称为（　　）。

    A．Images Group   B．RunTime   C．Registry   D．LBaas

11．下列（　　）不可以用作服务发现存放数据。

    A．ETCD   B．MySQL   C．Zookeeper   D．Consul

12．在运行容器时采用 docker run -d xx，其中"-d"含义是（　　）。

    A．延时运行   B．前台运行   C．动态调度   D．后台运行

二、简答题

1．简述 Docker 的 RunTime 的功能。

2．简述 Docker 镜像分层特点。

3．简述 Docker 容器与主机的关系。

4．简述容器与虚拟机的区别。

5．简述容器的优势。

6．简述在 Kubernete 主节点上运行的主要组件有哪些。

7．简述在 Kubernete 工作节点上运行的主要组件有哪些。

8．简单描述 Kubernetes 网络有哪些。

第 9 章

云服务应用实例

云服务（Cloud Serving）是基于互联网相关服务的增加、使用和交互模式，通过互联网来提供动态、易扩展且常是虚拟化的资源。

云服务是指通过网络以按需、易扩展的方式获得所需服务，可以是 IT、软件、互联网等服务。本章主要对公有云服务和私有云服务、虚拟机资源调度（DRS）、虚拟机迁移、虚拟机高可用（HA）等应用案例进行详细的介绍。

9.1　云服务器搭建

9.1.1　云服务

云服务以网络作为依托，其目的是随时随地的实现数据存取、运算等，将企业所需的软硬件、数据资料等通过互相连接的不同的 IT 设备放到云端上。目前，常见的云服务有公有云（Public Cloud）与私有云（Private Cloud）两种。

公有云是一种最基础的服务，第三方提供商为用户提供能够使用的云，公有云是一种共享资源的服务。企业通过自己的基础设施直接向外部用户提供服务。外部用户通过互联网访问服务，并不拥有云计算资源。目前，市场上公有云占据了较大的市场份额。国内公有云可以分为传统的电信基础设施运营商的中国移动、联通等提供的公有云服务，互联网巨头打造的阿里云、华为云等；在国外，一些云计算企业，如亚马逊 AWS、Google、微软等。

公有云成本较低，扩展性好。其缺点有两个方面：一是数据的安全性，用户对于云端的资源缺乏控制、无法做到隐私和机密数据的安全性等；二是由于公有云资源的共享特性，流量峰值期间容易出现网络堵塞等问题。

私有云是为某一专门客户单独使用而构建的，因而在数据安全性及服务质量方面可以得到最有效的管理和控制，是一种资源独享的服务。私有云可以搭建在企业数据中心的防火墙内，是一种专有资源的服务。

私有云可由企业的 IT 机构，也可由云提供商进行构建。在"托管式专用"模式中，像华为、云宏这样的云计算提供商可以安装、配置和运营基础设施，以支持一个企业数据中心内的专用云。

私有云虽在数据安全性方面比公有云高，但是对于中小企业而言，相应的维护成本也相对较高，因而只有大型企业才会采用此类云平台。

私有云的灵活性较强，组织可自定义云环境以满足特定业务需求；控制力较强，资源不与其他组织共享，因此能获得更强的控制力及更高的隐私级别；可伸缩性较强，与本地基础结构相比，私有云通常具有更强的可伸缩性。但是安装维护成本较高，不易扩展。将公有云和私有云结合起来，混合使用是很多企业的云服务解决方案，如图 9-1 所示。

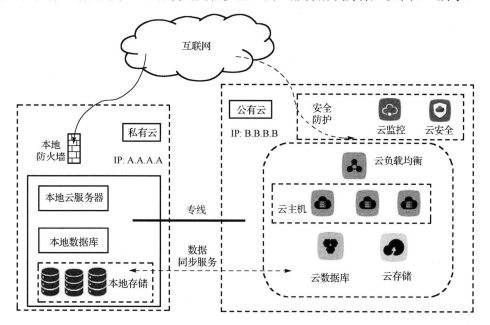

图 9-1　公有云与私有云混合使用逻辑图

公有云具备数据安全服务和数据备份能力，但企业对此的控制力较差，不能处于主导地位，而私有云在数据安全、数据备份等方面也有更多的可选择空间。公有云与私有云的区别如表 9-1 所示。

表 9-1　公有云与私有云的区别

区别	公有云	私有云
运维	用户无法自主运维，公有云服务商统一运维	自主运维，也可托管给第三方运维
用户	创业公司、个人	政府、大企业
业务场景	对外互联网业务	政企内部业务
兼容性	根据公有云要求来修改自身业务，达到适配	主动兼容和适配自身业务
技术架构	自研架构，关注分布式、大集群	自研或基于 OpenStack 开源架构，关注高可用、灵活性强
定制	非特殊，不能定制	灵活定制，与现有系统进行集成
成本	初期成本低、后期业务量大时，成本本高	初期成本高、随业务量增加，后期成本低
安全	主机层实现安全隔离	网络层实现安全隔离

9.1.2　公有云搭建服务器

在公有云上搭建服务器，本节以阿里云为例，在阿里云官网进行注册、登录账号后，购买阿里云服务器，搭建服务器并配置使用。案例实施过程如下。

1. 试用云产品

打开阿里云官网网页，单击"试用中心"选项卡，进行注册、登录和实名认证（建议使用支付宝账号登录，免去实名认证）账号实名认证后就可以进入云产品试用库。此处使用"云服务突发性能型 t5"，单击"0 元试用"按钮，如图 9-2 所示。

图 9-2　云产品试用库

2. 购买云服务器

在"云服务器突发性能型 t5"对话框中，对购买信息进行配置。选择地域、实例，并选取相应的操作系统，这里选择最新的 CentOS 系统，其他参数均配置完毕后，单击"立即购买"按钮，如图 9-3 所示。完成后手机和阿里云控制台上会获得相应的账号 IP。

图 9-3　"云服务器突发性能型 t5"对话框

3. 选择云服务器

在首页选择进入控制台，单击"产品与服务"按钮，选择相应的产品，这里选择云服务器 ECS，如图 9-4 所示。

图 9-4 选择云服务器 ECS

4. 创建云服务器密码

在云服务器 ECS 导航中，单击"实例"导航，在相应的实例中依次单击"更多"|"密码/密钥"|"重置实例密码"来创建云服务器密码，如图 9-5 所示。完成后保存并重启服务器。

图 9-5 创建云服务器密码

5. 登录 CentOS 系统

在该实例中单击"远程连接"|"立即登录"|"输入密码"登录，进入到 CentOS 的命令行界面，CentOS 系统安装完成，如图 9-6、图 9-7 所示。接下来，就可以配置服务器或者安装相应的软件了。

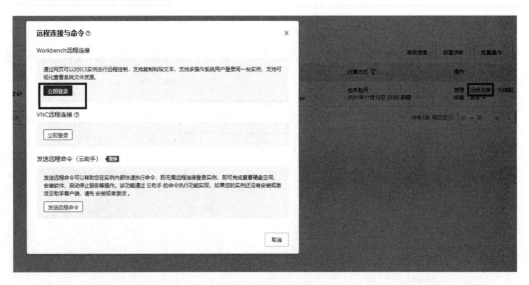

图 9-6　远程连接

图 9-7　系统界面

6. 添加软件端口描述

接下来安装相应的软件，在本地计算机上下载云服务器对应的后台软件，如 Tomcat、MySQL、JDK 等。

安装之前，需要添加对软件端口的相关描述。依次单击"控制台"|"安全组"|"对应的安全组"选项，添加后台软件的访问端口。"安全组列表"对话框如图 9-8 所示。单击安全组列表中的安全组，然后在新页面中选择"添加安全组规则"选项，注意，端口范围（MySQL 是 3306、Tomcat 是 8080）、优先级（100）、授权对象（0.0.0.0）、语言描述（MySQL、Tomcat）等，下面以 MySQL 为例进行讲解，如图 9-9 所示。

图 9-8 "安全组列表"对话框

图 9-9 "添加安全组规则（MySQL）"对话框

7. 传输软件至云服务器

若要将软件传输到云服务器端，需要下载两个工具：Xftp 和 Xshell。Xftp 用来将相关的软件安装包从本地计算机上传到服务器端。Xshell 主要用来在本地远程登录并连接服务器。在个人计算机上下载并注册好 Xftp 和 Xshell，学校和学生均有个人免费版可以使用。

（1）通过 Xftp 上传软件至服务器：打开 Xftp，新建连接，在"名称"文本框中输入服务器 IP（120.79.201.19），然后在输入服务器的用户名和密码后，单击"连接"按钮，如图 9-10 所示。连接成功后，弹出的对话框是本地桌面和服务器的桌面。先选中服务器的存放位置，然后在本地计算机中选中需要传输的文件，再双击鼠标左键即可传输文件，如图 9-11 所示。

图 9-10　云服务器连接配置

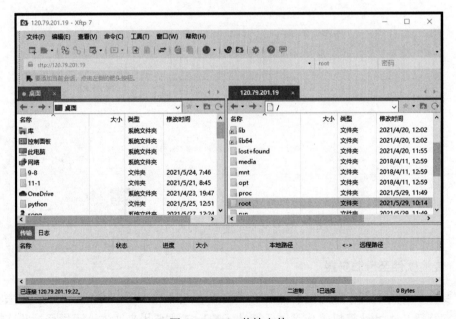

图 9-11　Xftp 传输文件

（2）单击"Xshell"选项，选择"文件"|"新建"选项，创建对话框，在"名称"和"主机"文本框中填写云服务器 IP，勾选"连接异常关闭时自动重新连接"复选框，如图 9-12 所示。再单击"用户身份验证"选项，分别在"用户名"和"密码"文本框中输入服务器的账号和密码，这样就远程连接上了服务器，如图 9-13 所示。也可以在会话管理器中找到这个 IP 会话，直接连接服务器。

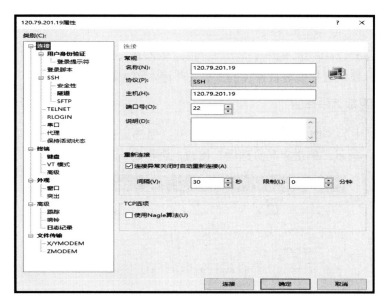

图 9-12 Xshell 设置

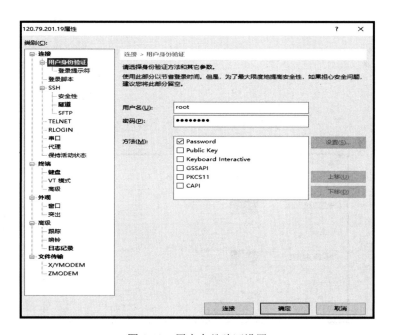

图 9-13 用户身份验证设置

最后，在服务器中可以继续安装、配置相应的后台软件及服务。

9.1.3 私有云搭建服务器

在私有云上搭建服务器，本节以在 CNware 云平台上搭建虚拟机为例，搭建虚拟机前，需要确保已登录 CNware 虚拟化平台且具有相关权限，以主机 ARM 架构为例，安装配置过程如下。

1. 进入主机管理界面

用户登录云平台后，进入"云资源"界面，依次选择左侧导航中的" 主机池"|"集群"|"主机"选项，选择要进行操作的主机，并进入该主机管理界面。

2. 虚拟机高级选项配置

单击菜单栏中的"增加虚拟机"按钮，打开"增加虚拟机"对话框，默认为基本信息页面，如图 9-14 所示。单击"高级选项"按钮，进行高级选项设置，如图 9-15 所示。

图 9-14 "增加虚拟机"对话框

图 9-15 高级选项设置

其中，虚拟机"时钟"若选用"世界时钟"，会将世界时间作为虚拟机的硬件时钟；若选用本地时钟，则会将本地时间（此处本地时间即为北京时间）作为虚拟机的硬件时钟。硬件时钟相当于 BIOS 时间硬件读取的数据，这个数据在操作系统中有三种呈现：本地时间相当于硬件时间与本地时区换算出来的，世界时间相当于硬件时间+0 时区，RTC 时间即为硬件时间。

业务优先级：若同一台宿主机下的多台虚拟机都在处理业务时，则宿主机优先处理 I/O 优先级高的业务。

自动迁移：支持"是"与"否"两个选项，默认选项为"否"。若选择"是"，则表示虚拟机支持自动迁移，当虚拟机触发高可用、动态资源调整、电源智能管理等功能时，自动迁移到集群下的其他宿主机；若选择"否"，则在触发高可用等场景中，不会自动迁移到其他主机。

3. 相关硬件配置

填写基本信息后，单击"下一步"按钮，配置硬件信息页，如图 9-16 所示。对 CPU 总数、内存、磁盘、交换机、光驱等进行配置。

图 9-16 硬件信息配置

（1）单击"CPU 总数"选项展开 CPU 设置选项，如图 9-17 所示，相应的字段说明如表 9-2 所示。

图 9-17 CPU 总数设置（ARM 架构）

表 9-2 CPU 设置说明

字段名	字段含义
CPU 总数	VM 的 vCPU 个数，1≤单个 VM 的 CPU 总数≤主机逻辑线程数。ARM 和 MIPS 架构的 VM 的 vCPU 个数和核数按 CPU 总数字段排列，x86 架构的 VM 的 vCPU 个数和核数按 CPU 最大值字段的核数排列
主机 CPU	物理主机 CPU 逻辑线程数。单个 VM 的 vCPU 个数必须小于或等于主机 CPU 个数，支持多个 VM 的 vCPU 个数总和允许大于主机 CPU 实现 CPU 超分
CPU 最大值	仅 x86 架构的 VM 有该字段，VM 关机状态下可修改。该值为 CPU 热添加时的上限值
CPU 架构	ARM 仅支持 x64 一种架构
CPU 调度优先级	支持低、中、高三种优先级，当多台虚拟机竞争物理 CPU 资源时，优先级越高，获取的 CPU 资源越多。修改后重启生效
CPU 工作模式	ARM 仅支持直通一种工作模式。x86 支持兼容、主机匹配、直通三种模式，默认为兼容模式，其模式内容如下。 （1）Host-Passthrough（直通）：libvirt 令 KVM 把宿主机的 CPU 指令集全部传给虚拟机。因此虚拟机能够最大限度地使用宿主机 CPU 指令集，故性能是最好的。但是在热迁移时，它要求目标节点的 CPU 和源节点的一致。 （2）Host-Model（主机匹配）：libvirt 根据当前宿主机 CPU 指令集从配置文件中 /usr/share/libvirt/cpu_map.xml 选择一种最相配的 CPU 型号。在这种模式下，虚拟机的指令集往往比宿主机的少，性能相对直通模式要差一点，但是在热迁移时，它允许目标节点 CPU 和源节点存在一定的差异。 （3）Custom（兼容）：在这种模式下，虚拟机 CPU 指令集数量最少，故性能相对最差，但是它在热迁移时跨不同型号 CPU 的能力最强
CPU 预留（%）	在多虚拟机竞争物理 CPU 资源时，分配的最低计算资源值，范围为 0～100%，默认为 0%，表示不预留。修改后重启生效
CPU 限制（%）	虚拟机占用物理 CPU 资源的上限值，上限值会平均分配给每个 vCPU，范围为 1～100%，默认为 100%，表示不限制。修改后重启生效
绑定物理 CPU	虚拟机 vCPU 绑定至物理 CPU 逻辑线程，避免虚拟机 vCPU 在不同的物理 CPU 逻辑线程间切换，默认不绑定。通常配合内存分配策略、绑定 NUMA NODE 功能一起使用，达到对虚拟机进行性能调优的目的。修改后重启生效

单击"绑定物理 CPU"按钮，弹出"绑定物理 CPU"对话框，如图 9-18 所示。

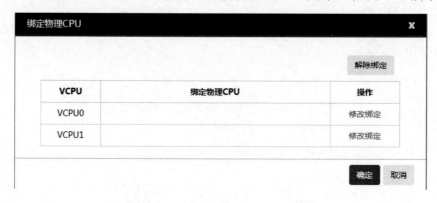

图 9-18 "绑定物理 CPU"对话框

单击图 9-18 中的"修改绑定"按钮，弹出"修改绑定"对话框，则可以单击 NUMA NODE 下的物理 CPU，可以将 vCPU 绑定到物理 CPU 上。

（2）单击"内存"按钮展开内存设置项，对内存进行设置，如图 9-19 所示。相应的字段说明如表 9-3 所示。

图 9-19　内存设置

表 9-3　内存设置说明

字段名	字段含义
内存	VM 分配内存，修改和创建 VM 时，分配内存必须小于或等于主机剩余内存（大页内存）。支持多个 VM 分配内存总和大于物理主机总内存实现内存超分；x86 VM 支持内存热插拔，前提是开启了 vNUMA，此外 VM 操作系统也要支持内存热插拔。目前主流稳定的 QEMU 版本不支持 ARM 平台的内存热插拔，QEMU 4.2 支持，且 VM Kernel 必须是 QEMU5 以上，QEMU4.1.1 的 QEMU 版本不支持）
是否使用大页内存	支持开启或关闭大页内存，默认为不开启。开启后，VM 默认使用主机的大页内存，通常开启大页内存有助于 VM 性能提升，因为通常也作为 VM 性能调优的一个配置项。开启 VM 大页内存的前提条件是：主机开启了大页内存，且 VM 大页内存小于或等于主机剩余大页内存。修改后重启生效
内存预留百分比	当多虚拟机产生内存资源竞争时，预留的虚拟机内存也不会被分配给其他虚拟机或系统进程使用。 范围为 1~100%，默认为 0%，表示不限制。 修改后重启生效
内存分配策略	支持 Strict、Interleave、Preferred 三种策略，默认不选中任何策略，以下为三种策略的解释： Strict：当目标节点中不能分配内存时，分配将被默认操作转进至其他节点。当目标节点中不能分配内存时，分配将会失效。 Interleave：内存页面将被分配至一项节点掩码指定的节点，但将以轮循机制的方式分布 Preferred：内存将从单一最优内存节点分配。若内存并不充足，则内存可以从其他节点分配。修改后重启生效
绑定 NUMA NODE	支持将 VM 内存绑定至主机 NUMA 节点对应的物理内存上，默认不绑定。 此项也是 VM 性能调优项，配合 CPU 绑定、内存分配策略使用

单击"绑定 NUMA NODE"按钮，弹出"绑定 NUMA NODE"对话框，如图 9-20 所示。

图 9-20　"绑定 NUMA NODE"对话框

（3）单击"磁盘"按钮展开磁盘设置项，对磁盘进行设置如图 9-21 所示，相应的字段说明如表 9-4 所示。

图 9-21　磁盘设置

表 9-4　磁盘设置说明

字段	字段含义
总线类型	ARM 包含 virtIO，默认都是 virtIO，此字段值与磁盘的总线类型一一对应
设备	上层记录的磁盘名称，与在 VM 操作系统中看到的磁盘名的设备号不是一一对应的
文件源	虚拟磁盘位置
磁盘类型	包含文件和块两种，在文件系统存储池上的虚拟磁盘类型为文件，在块存储池上的虚拟磁盘类型为块设备
总线类型	总线类型支持修改。ARM 包含高速硬盘、SCSI 硬盘、SATA 硬盘、USB 硬盘。默认都是高速硬盘
存储格式	包含智能和高速两种，智能对应的虚拟磁盘格式为 qcow2，高速对应的虚拟磁盘格式为 raw
缓存方式	包含 directsyn、writethrough、writeback、none，默认为 directsyn，以下 4 种缓存方式： ① directsyn：该模式对应的标志位是 O_DSYNC 和 O_DIRECT，仅当数据被提交到存储设备时，写操作才会被完整地通告，并且可以安全地绕过 host 的页缓存。与 writethrough 模式类似，在不发送刷新缓存的指令时，是很有用的。该模式是最新添加的一种 Cache 模式，使得缓存与直接访问的结合成为可能 ② writethrough：该模式对应的标志位是 O_DSYNC，仅当数据被提交到了存储设备中时，写操作才会被完整的通告。此时 host 的页缓存可以被用在一种被称为 writethrough 缓存的模式 guest 的虚拟存储设备被告知没有回写缓存（Writeback Cache），因此 guest 不需要为了操纵整块数据而发送刷新缓存的指令。此时的存储功能如同有一个直写缓存（Writethrough cache）一样 ③ writeback：该模式对应的标志位既不是 O_DSYNC 也不是 O_DIRECT，在 writeback 模式下，I/O 操作会经过 host 的页缓冲，存放在 host 页缓冲中的写操作会完整地通知给 guest。除此之外，guest 的虚拟存储适配器会被告知有回写缓存，所以为了能够整体地管理数据，guest 将会发送刷新缓存的指令，类似于带有 RAM 缓存的磁盘阵列（RAID）管理器 ④ none：所对应的标志位是 O_DIRECT，在 none 模式下，VM 的 I/O 操作直接在 Qemu-Kvm 的 userspace 缓冲和存储设备之间进行，绕开了 host 的页缓冲。这个过程就相当于让 VM 直接访问了 host 的磁盘，从而性能得到了提升 Directsyn 与另外三种方式在 I/O 请求方面的差别主要是无缓存；directsync 和 wiritethrough 在数据落盘过程一致，与另外两种不同
总容量	磁盘的分配容量，单个虚拟磁盘总容量须小于或等于存储池总容量，支持多个虚拟磁盘总容量总和大于存储池总容量实现超分效果
限制 I/O 速率	分读和写 I/O 速率，取值范围为 16～2147483647 或为空值，空值表示不限制，其他值则表示具体的限制大小。设置该项值后，则该磁盘读/写的 I/O 基本不会超过限制值。直通的磁盘、PCI 设备和 iSCSI 块设备不支持设置限速
限制 IOPS	分读和写 IOPS，取值范围为 16～2147483647 或空值，空值表示不限制，其他值则表示具体的限制大小。设置该项值后，则该磁盘读/写的 IOPS 基本不会超过限制值。直通的磁盘、PCI 设备和 iSCSI 块设备不支持设置限速

续表

字段	字段含义
已用容量	显示磁盘实际已被使用的容量
置备类型	支持精简置备、厚置备、厚置备延迟置零三种类型。 文件系统类型存储池（如 NFS、共享文件系统、本地目录存储池）默认是精简置备。NFS 和 Ceph 存储池只支持精简置备。块存储池（如 iSCSI、FC、LVM 块存储池）只支持厚置备延迟置零。 （1）精简置备：通过以灵活的按需方式分配存储空间，创建磁盘时存储会划分一个指定大小的置备空间给磁盘，但磁盘的分配空间没有从整个存储中真正划分出来，磁盘文件在磁盘刚创建时，可能为 0KB，以后随着磁盘的使用空间越来越大，再给它划分更大的空间，最大空间要小于或等于指定的空间大小。当存储已全部使用完，无法划分更多空间时，会产生存储空间爆满的情况 （2）厚置备延迟置零：当存储卷创建时，存储会划出指定大小的空间给存储卷，但是其上二进制不做任何处理，当存储卷写入数据要用对应区块时才清除其上数据（置零），这种工作机制会对磁盘性能造成一定的影响 （3）厚置备置零：当存储卷创建时，存储会划出指定大小的空间给存储卷，并即刻抹除其上所有数据，将所有二进制都写零（置零），存储卷性能好，但花费时间长
是否共享卷	有"是"和"否"选项，默认为"否"

（4）单击"交换机"按钮，展开交换机设置项，对交换机进行设置如图 9-22 所示。

图 9-22　交换机设置

4. 弹出光驱文件

单击"光驱搜索"按钮，弹出"选择光驱文件"对话框，如图 9-23 所示。

图 9-23　"选择光驱文件"对话框

5. 硬件信息配置完成

选择完对应的存储池后，单击"确定"按钮，返回到"增加虚拟机"对话框，显示之前设置的信息，如图 9-24 所示。

图 9-24 "增加虚拟机"对话框

6. 查看汇总信息

配置完所需的硬件信息后，单击"下一步"按钮，查看创建虚拟机汇总信息，如图 9-25 所示。

图 9-25 查看汇总信息

7. 虚拟机创建成功

单击"确定"按钮后，虚拟机创建成功，系统右下角弹出创建成功消息并在任务页显示任务详情，同时左侧主机池列表中将增加一台虚拟机信息，如图 9-26 所示。

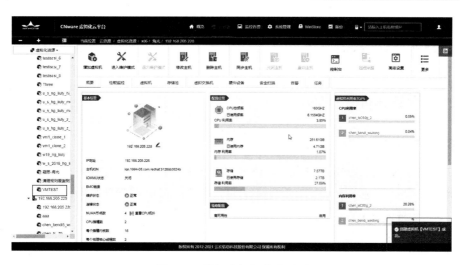

图 9-26 增加虚拟机成功界面

9.2 虚拟机动态资源调度

9.2.1 DRS 基础

分布式资源调度（Distributed Resource Scheduler，DRS）是对资源池中资源负载情况的动态监控，合理触发均匀分配规则，最终实现资源池上的虚拟机重新均匀分配的目的。当虚拟机遇到负载增大的情况时，DRS 将通过在资源池中的物理服务器之间重新分布虚拟机来自动为其分配更多资源。

VMware DRS 可以配置为以自动或手动模式操作。DRS 在自动模式下将以尽可能最优化的方式在不同的物理服务器之间分配虚拟机，并自动将虚拟机迁移到最合适的物理服务器上。在手动模式下 VMware DRS 将一个虚拟机放到最佳位置的相关建议提供给系统管理员，由其决定是否进行更改。

9.2.2 DRS 集群要求

DRS 集群要求如下。

（1）已登录 CNware 虚拟化平台且具有相关权限。

（2）已创建有主机池和集群。

（3）计算资源 DRS 迁移虚拟机。

① 主机下至少有一个共享文件系统存储池或 Ceph 存储池。

② 虚拟机所有磁盘都在共享文件系统存储池或 Ceph 存储池中。

③ 虚拟机安装了 Tools 和开启自动迁移。

④ 虚拟机不得带有快照，不得挂载除共享文件系统存储池和 Ceph 存储池以外的 iSO。

（4）存储资源 DRS 迁移虚拟机。

① 集群下至少有两台及以上主机都添加了两个共享文件系统存储池。

② 虚拟机上所有磁盘均在同一共享文件系统存储中。

③ 虚拟机安装了 Tools 和开启自动迁移。

④ 虚拟机不得带有快照，不得挂载除共享文件系统存储以外的 ISO。

9.2.3　配置并启动 DRS

1. 进入集群管理界面

用户登录 CNware 虚拟化平台后，进入"云资源"界面，在左侧导航栏中，依次选择"主机池"|"集群"选项，选择要操作的集群，并进入"集群管理"界面。

2. 启动计算资源 DRS

单击"集群管理"界面菜单栏中的"动态资源调整"按钮，弹出"动态资源调整"对话框，首先对计算资源 DRS 进行设置，如图 9-27 所示。根据需要开启计算资源 DRS，若开启计算资源 DRS，则需要设置 CPU 和内存阈值并输入对应项的持续时间和时间间隔。

其中，持续时间是检查集群是否触发动态资源调整条件，集群下主机持续时间内的 CPU 利用率和内存利用率都要满足阈值要求，而不只是最近的利用率满足阈值要求。

时间间隔是检查集群是否满足触发计算资源动态调整条件的时间间隔，只有开启计算资源 DRS 才会检查。

图 9-27　设置计算资源 DRS

3. 启动存储资源 DRS

单击"下一步"按钮，对"存储资源 DRS"进行设置，如图 9-28 所示。同理，根据需要开启存储资源 DRS。若开启存储资源 DRS，则需要设置存储利用率阈值并输入对应项的持续时间和时间间隔。

图 9-28　设置存储资源 DRS

4.　动态资源调整汇总

单击"下一步"按钮，查看之前设置的汇总信息，如图 9-29 所示。

图 9-29　查看汇总信息

5.　启动成功界面

单击"确定"按钮，设置动态资源调整成功，系统右下角弹出启动成功消息并在任务页显示任务详情，如图 9-30 所示。

图 9-30　开启动态资源调整成功界面

9.2.4　关闭 DRS

分布式资源调度可以平衡负载，连续监控集群内计算资源并能够根据数据中心的实际需要，为虚拟机智能地分配其所需资源，自动进行虚拟机的在线迁移。若关闭动态资源，则不再监控集群内的计算资源和存储资源，可能出现负载不均衡的情况。关闭 DRS 以 CNware 虚拟化平台为例，实施过程如下。

1. 实施条件

（1）已登录 CNware 虚拟化平台，并且具有相关权限。

（2）已创建有主机池和集群。

（3）集群已开启动态资源调整。

2. 实施步骤

（1）用户登录 CNware 虚拟化平台后，进入"云资源"界面，在左侧资源导航栏中，依次选择"主机池"|"集群"选项，选择并进入要操作的"集群管理"界面。

（2）单击菜单栏中的"动态资源调整"按钮，打开"动态资源调整"对话框，先对计算资源 DRS 进行设置，将选择"开启计算资源 DRS"下拉列表中的"否"，可关闭计算资源 DRS，如图 9-31 所示。

图 9-31　关闭计算资源 DRS

（3）单击"下一步"按钮，对存储资源 DRS 进行设置，选择将"开启存储资源 DRS"下拉列表中的"否"，可关闭存储资源 DRS，如图 9-32 所示。

图 9-32　关闭存储资源 DRS

（4）单击"下一步"按钮，查看汇总信息，如图 9-33 所示。

图 9-33　查看汇总信息

（5）单击"确定"按钮，动态资源调整成功，系统右下角弹出调整成功消息并在任务页显示任务详情，如图 9-34 所示。

图 9-34　动态资源调整成功

9.3　虚拟机迁移

9.3.1　虚拟机迁移概述

虚拟机迁移技术为服务器虚拟化提供了便捷的方法。若某台物理服务器或虚拟机突然发生宕机而导致服务中断，则为了确保正在进行的服务能够继续运行，管理平台将启动迁移，把这些工作的虚拟机都迁移到其他服务器上，而虚拟机的迁移，实质上就是对该虚拟机相关数据进行迁移，不仅包括一些内存、寄存器中的动态数据，还包括磁盘上存储的静态数据等。为使用户感受不到宕机的发生，数据迁移需要高速进行，且为了让虚拟机能在新服务器上恢复运行，还需保证数据的完整性。此外，虚拟机上可能还运行着保密的数据，因而需要保证数据在迁移过程中不被泄露。迁移的目的是当物理服务器维护、关机、重启、出现繁忙或数据中心需要扩容重新安排资源时，能够更好地为维护人员提供资源调度、转移。

虚拟机的迁移主要有在线迁移和离线迁移两种方式。

1. 在线迁移

在线迁移也称为实时迁移，在保证虚拟机服务正常运行的情况下，虚拟机在不同的物理主机之间进行实时迁移。在线迁移过程中，为确保虚拟机的服务可用性，停机时间非常短暂，用户基本上察觉不到服务的中断，即在迁移时经过很短暂的切换，控制权从源主机转移到目标主机，服务就在目标主机上继续运行。此迁移方式可适用于对服务可用性要求较高的从场景中。

2. 离线迁移

离线迁移在迁移之前需要将虚拟机进行挂起或关闭。离线迁移过程中暂停虚拟机意味着正在执行的某一服务在一段时间内用户是无法使用的，因而这种迁移方式只适用于对服务可用性要求不高的场景。

9.3.2　在线迁移

实现在线迁移前，需要登录 CNware 虚拟化平台，并且具有相关权限。在线迁移能在主机架构、CPU 型号相同的主机间迁移，迁移时只会过滤出主机架构、CPU 型号相同的主机。在线迁移较常见的应用场合是，一台物理主机遇到了非致命故障，需及时修复，此时可以将本主机上正在运行的虚拟机迁移到另一台正常运行的物理主机上，然后继续对原故障主机修复操作。此外，若有一台物理主机负载过高，则可以将其中部分虚拟机在线迁移至另一台主机，平衡物理主机的资源占用或数据中心扩容等。

迁移类型包括更改主机、更改数据存储、更改主机和数据存储三种类型。其中，第一种类型是将虚拟机迁移到另一台主机；第二种类型是数据存储方面的迁移，将虚拟机的存储迁移到另一数据存储；第三种迁移类型是前两种类型的结合，是将虚拟机迁移到另一台主机的同时将其存储迁移到另一数据存储。本节以更改主机迁移为例，实现过程如下。

（1）用户登录 CNware 虚拟化平台后，进入"云资源"管理页面，依次选择左侧导航栏中的"主机池"|"集群"|"主机"|"虚拟机"选项，选择并进入要执行操作的"虚拟机管理"界面。

（2）在"虚拟机管理"界面中，单击"更多"选项，然后单击"迁移虚拟机"按钮，弹出"迁移虚拟机"对话框。首先对"迁移类型"进行设置，单击"更改主机"单选按钮，如图 9-35 所示。

图 9-35　设置迁移类型

（3）单击"下一步"按钮，对目标主机进行设置，选择要迁移的目标主机，在线迁移到另一虚拟机，如图 9-36 所示。

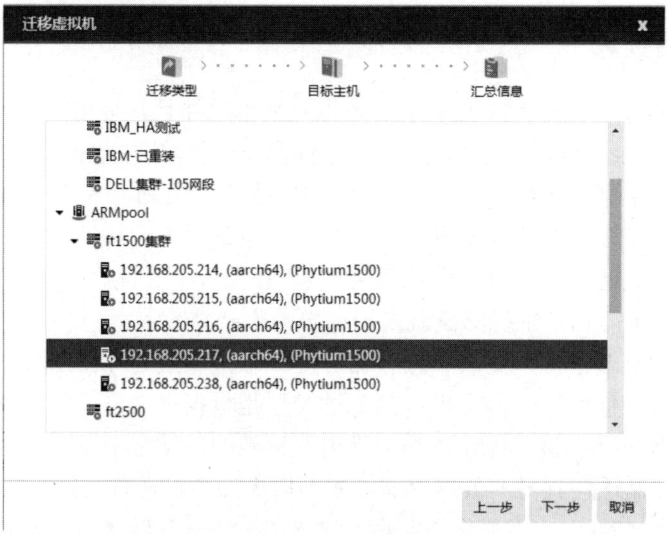

图 9-36　设置目标主机（在线迁移）

（4）单击"下一步"按钮，查看汇总信息，检查并确认配置，如图 9-37 示。

图 9-37　查看汇总信息

（5）然后单击"确定"按钮完成操作，迁移虚拟机成功，并在系统右下角弹出迁移成功消息，同时任务页显示任务详情。

9.3.3　离线迁移

离线迁移能在主机架构相同的主机间迁移，迁移时只过滤出主机架构相同的主机。这种方式在进行迁移之前需要将虚拟机暂停。本节以更改主机和数据存储迁移为例，实现过程如下。

（1）在"迁移虚拟机"对话框中，选择迁移类型（更改主机和数据存储）。单击"下一步"按钮，对目标主机进行设置，选择要迁移的目标主机，如图 9-38 所示。

图 9-38 设置目标主机（离线迁移）

（2）单击"下一步"按钮，对目标存储进行设置，如图 9-39 所示。

图 9-39 设置目标存储（迁移至一个存储池）

（3）单击"下一步"按钮，查看汇总信息，检查并确认配置。然后单击"确定"按钮完成操作，迁移虚拟机成功，系统右下角弹出迁移成功消息，同时在任务页显示任务详情。离线迁移且所有虚拟磁盘迁移至同一个存储池，汇总信息如图 9-40 所示。

图 9-40　查看汇总信息（离线迁移至同一存储池）

在迁移过程中，需要注意的是，迁移类型的选择，且当虚拟磁盘格式与源虚拟机不同时，需确保目的存储的可用空间至少是源虚拟机存储容量的两倍，否则可能会导致迁移失败。虚拟机更改数据存储、更改主机和数据存储，不管源存储池还是目标存储池，只要有块存储池，都不允许在线迁移，只能离线迁移。

9.4　虚拟机高可用

9.4.1　虚拟机高可用概述

虚拟机的高可用是虚拟化集群的高级特性，当主机发生计划外的故障时，WinServer主机支持在若干秒内（通常不会超过 1min）自动地把故障主机上的虚拟机（位于共享存储）迁移至其他可用的主机上启动，由此实现业务的连续性保障。

虚拟机的高可用需要建立管理网络心跳，这依赖于交换机需要支持组播报文的转发。同时，仲裁方式可选 IPMI 或 SDB 方式。

1. IPMI 方式

若选择 IPMI 方式，则要求虚拟化管理节点与所有计算节点的 IPMI 带外地址连通，这种方式在计算节点故障时能够很好地完成断电隔离。

2. SBD 方式

若选择 SBD 方式，则需指定一个共享存储池作为存储心跳，计算节点需要同时检测网络心跳与存储心跳来判断自我故障并实现自我隔离。

9.4.2　工作原理

高可用（High Availability，HA），是监控群集中的 WinServer 主机，通过配置合适的策略（如 IPMI 或 SBD 心跳方式），当群集中的 WinServer 主机发生故障时，虚拟机可以自动在其他 WinServer 主机上重新启动，最大限度保证重要服务不中断。

高可用设置可以为集群中所有虚拟机提供简单易用、经济高效的高可用性。高可用部署拓扑图如图 9-41 所示。

高可用保护机制，当开启了高可用的主机出现网络或存储故障且故障主机数小于高可用集群时，通过高可用机制，在内存和 CPU 资源满足的情况下，自动在其他开启了高可用的主机上将开启了高可用的虚拟机重新启动。

当开启了高可用的虚拟机进程故障时，高可用会自动在当前主机上将虚拟机重新启动。

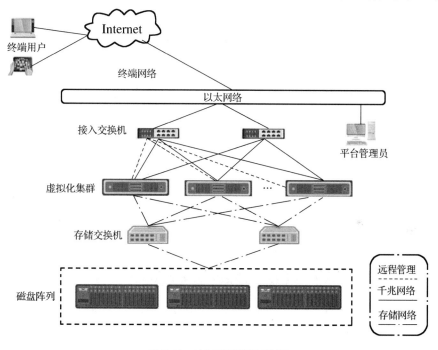

图 9-41　高可用部署拓扑图

9.4.3　虚拟机高可用集群配置

1. 虚拟机高可用集群要求

高可用开启可从集群高可用、主机高可用及虚拟机高可用三个方面进行描述。以虚拟机高可用为例，在创建和使用虚拟机高可用之前必须注意以下要求。

要开启高可用的虚拟机已安装 Tools。要开启高可用的虚拟机所有存储位于共享文件系统存储池或 Ceph 分布式存储上。

要开启高可用的虚拟机不能挂载非共享文件系统存储池中的 ISO、不能存在快照等。

要开启高可用的虚拟机 VNC、SPICE 控制台端口是自动分配的。

221

2. 配置虚拟机高可用集群

本例以启动虚拟机高可用为例进行描述，实施步骤如下。

（1）用户登录 CNware 虚拟化平台后，进入"云资源"界面，在左侧资源导航栏中依次选择"主机池"|"集群"选项，选择并进入要操作的"集群管理"界面。

（2）单击菜单栏的"高可用配置"按钮，打开"高可用配置"对话框，如图 9-42 所示。

图 9-42 "高可用配置"对话框

（3）首先配置基本信息，配置仲裁方式、SBD 位置、组播地址、组播端口、其他选项、双节点集群等字段，如图 9-43 所示。

图 9-43 配置基本信息

然后配置 SBD，如图 9-44 所示。

图 9-44　配置 SBD

以上高可用配置基本信息如表 9-5 所示。

表 9-5　高可用配置基本信息

字段名	字段含义
开启高可用	默认为"否"，单击显示为"是"，表示开启 HA
仲裁方式	有 IPMI、SBD 两种方式，可同时选中，默认"未选中"，必填项 当选择 IPMI 时，表示 IPMI 为高可用的 Fence 设备，要求开启高可用的主机上已在唤醒参数处配置了 IPMI 唤醒，推荐使用 IPMI 仲裁方式；当选择 SBD 时，表示 SBD 设备为高可用的存储心跳设备和 Fence 设备
SBD 位置	当仲裁方式选择 SBD 时，才显示此字段，支持共享文件系统、Ceph、SBD 两种设备，只能选择其中一种，默认为"未选中"，为必填项 当选择共享文件系统（包含 iSCSI 和 FC 两种）为 SBD 设备时，要求开启高可用的主机都关联了同一共享文件系统存储池 当选择 Ceph 为 SBD 设备时，要求开启高可用的主机都关联了同一 Ceph 存储池 当开启高可用的主机和 VM 越多，开启高可用的时间越长，如 20 台主机，200 台 VM 情况下，开启 1HA 的时长为 1 个小时以上
组播地址	默认根据平台是 IPv4 或 IPv6 自动生成，为必填项，可修改 IPv4 范围是 233.0.0.0～238.255.255.255 IPv6 范围是 FFFF:0:0:0:0:0:0:0～FFFF:FFFF:FFFF:FFFF:FFFF:FFFF:FFFF:FFFF，填写组播地址和组播端口作为高可用的网络心跳
组播端口	默认根据自动生成，为必填项，可修改。填写范围为 10000～20000，填写组播地址和组播端口作为高可用的网络心跳
双节点集群	默认为"否"，表示不支持在两节点情况下开启高可用；若选择"是"，则表示支持在两节点情况下开启高可用

（4）单击"下一步"按钮，进行主机配置，选择开启高可用的主机，如图 9-45 所示。

图 9-45　主机配置

若开启高可用，则选中双节点集群。在进行主机配置时，只允许选择 2 台主机开启高可用；置灰的主机表示不符合开启主机高可用的条件。若"仲裁方式"选择 IPMI，则主机未配置唤醒参数-IPMI 唤醒；若仲裁方式选择 SBD，则主机未关联 SBD 设备存储池。

（5）单击"下一步"按钮，选择开启高可用的虚拟机，如图 9-46 所示。

图 9-46　选择虚拟机

（6）单击虚拟机列表中的"使用集群设置"下拉按钮，对单台虚拟机进行配置，即开启或关闭高可用，如图 9-47 所示。

图 9-47 设置单台虚拟机高可用

其中，"集群默认设置"栏中的"开启虚拟机高可用"按钮，为批量操作按钮，不会回显配置，支持"开启高可用""不启用"两个选项。当单击"开启高可用"按钮时，选择使用集群设置的虚拟机均开启高可用；当单击不启用按钮时，选择使用集群设置的虚拟机均不开启高可用。

对于单台虚拟机开启高可用设置，"启用高可用"下拉列表有"使用集群设置""开启""关闭"三个选项。当选择"使用集群设置"选项时，表明虚拟机的配置与"集群默认设置"栏中的配置保持一致；当选择"开启"或"关闭"选项时，表明单独对虚拟机设置是否开启高可用。

（7）虚拟机高可用设置完毕后，单击"确定"按钮，设置集群高可用成功。系统右下角弹出设置成功消息，同时在任务页显示任务详情。当主机发生电源故障、网络心跳或存储心跳故障时，开启了高可用主机上的高可用虚拟机将会被重定向至其他主机上。

3. 开启高可用注意事项

在开启虚拟机高可用时，需要注意以下 5 点。

（1）当故障主机数达到高可用集群主机数的一半或以上时，集群高可用保护机制不生效。

（2）当开启集群高可用时，默认虚拟机高可用不开启，可对在列表中对单台虚拟机进行高可用开启设置。

（3）当开启集群高可用时，若选择虚拟机高可用全部开启，则在列表中对单台虚拟机进行高可用关闭的设置，没有设置的虚拟机则为开启高可用。

（4）若开启了高可用的主机，则不允许修改 IP、用户名、密码，不允许关机重启，不允许删除。

（5）对于开启了高可用的虚拟机，允许将控制台端口设置为非自动分配，不允许暂停，不允许迁移虚拟磁盘至非共享文件系统存储池，在删除虚拟磁盘时，需要至少保护其中一个。

9.4.4 验证虚拟机高可用

下面以 CNware 虚拟机为例，通过拔主机电源模拟高可用故障问题，验证虚拟机高可用能否起作用。

1. 前提条件

（1）CNware 虚拟化平台运行正常。
（2）存在三台正常的主机 A、B、C。
（3）主机 A、B、C 都已配置 IPMI。
（4）主机 CPU 架构一致。
（5）存在虚拟机 A、B 且虚拟机 A 处于开机状态，虚拟机 B 处于关机状态。
（6）主机 A、B、C 的 IPMI 电源与服务器电源共用。

2. 实施步骤

（1）登录 CNware 虚拟化平台，依次单击云"资源"|"集群"|"高可用配置"选项，如图 9-48 所示。

图 9-48　CNware 虚拟化平台

（2）在"基本信息"界面中，在"开启高可用"下拉列表中选择"是"，并输入组播地址和组播端口，单击"下一步"按钮，如图 9-49 所示。

图 9-49　"基本信息"界面

（3）选择开启的主机，单击"下一步"按钮，如图 9-50 所示。

图 9-50　主机配置

（4）选择虚拟机 A、B 并开启高可用，单击"确定"按钮，如图 9-51 所示，开启成功 **227**
后的提示如图 9-52 所示。

图 9-51　主机开启高可用

图 9-52　主机开启高可用成功提示

说明：集群高可用、主机高可用及虚拟机高可用开启成功。

（5）将主机 2 电源线断开，断电后的主机 2 显示的信息如图 9-53 所示。

KVHCIPOOL
HCI_ARM
cnwarekv-node1
cnwarekv-node2
cnwarekv-node3
图 9-53　主机 2 断电

若管理节点存在于需要被拔掉电源线的主机 2 上，则虚拟机随主机关机，管理界面暂时无法使用。在主机 2 中，开启高可用的虚拟机 A 未迁移到其他正常的高可用主机，因为底层需要通过 IPMI 连接主机，只有当主机发生异常时，才能进行虚拟机迁移，若断开主机电源，IPMI 无法连接主机，此时主机发生异常，无法进行虚拟机迁移。

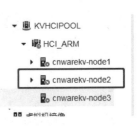

（6）在主机 1、3 底层执行命令 crm st，运行结果如图 9-54 所示。

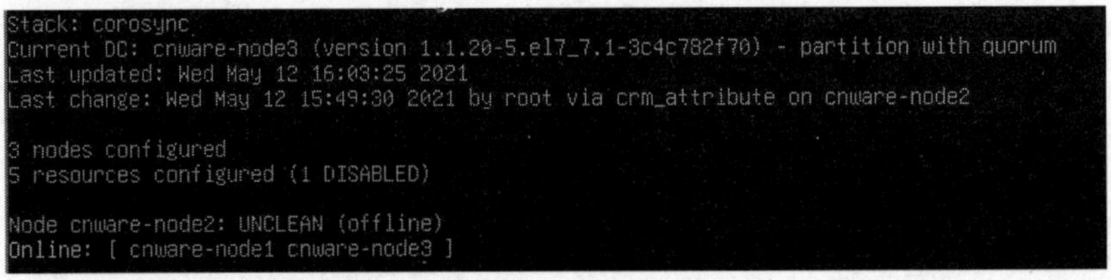

Stack: corosync
Current DC: cnware-node3 (version 1.1.20-5.el7_7.1-3c4c782f70) - partition with quorum
Last updated: Wed May 12 16:03:25 2021
Last change: Wed May 12 15:49:30 2021 by root via crm_attribute on cnware-node2
3 nodes configured
5 resources configured (1 DISABLED)
Node cnware-node2: UNCLEAN (offline)
Online: [cnware-node1 cnware-node3]
图 9-54　运行结果

等待 5min 左右，在主机 1、3 底层用命令 crm st 查看后的内容如下。

```
主机 2 的 hostname: UNCLEAN (offline)
Online: [主机 1 的 hostname 主机 3 的 hostname]
```

（7）将主机 2 电源线接通，但不开机，虚拟机 A 发生迁移，如图 9-55 所示。

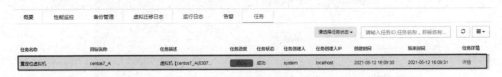

概要
性能监控
备份管理
虚拟迁移日志
运行日志
告警
任务
任务名称
目标名称
任务描述
任务进度
任务状态
任务创建人
任务创建人IP
创建时间
结束时间
任务详情
重定位虚拟机
centos7_A
成功
system
localhost
2021-05-12 16:09:30
2021-05-12 16:09:31
详情
图 9-55　迁移虚拟机 A

将主机 2 电源接通但不开机，在主机 2 中，开启高可用的虚拟机 A，产生重定位任务，自动迁移到主机 1 或主机 3，页面右下角弹出提示“虚拟机 A 迁移至主机 node1 或 node2 成功”，虚拟机 A 的任务列表产生一条迁移成功任务，虚拟机 A 正常启动；开启高可用的虚拟机 B 未产生重定位任务，不会发生迁移。

（8）在主机 1、3 底层执行命令 crm st，运行结果如图 9-56 所示。

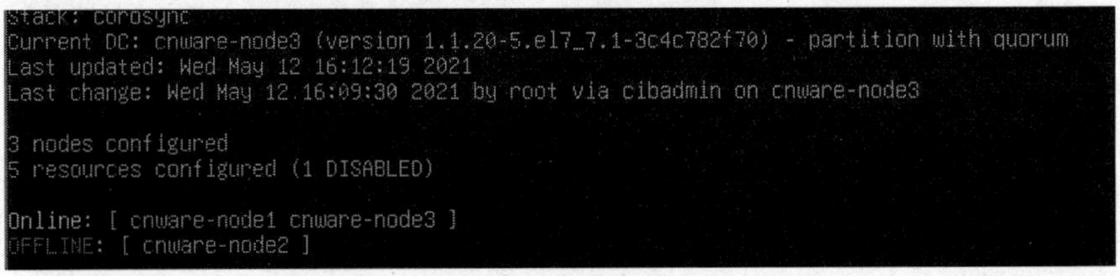

Stack: corosync
Current DC: cnware-node3 (version 1.1.20-5.el7_7.1-3c4c782f70) - partition with quorum
Last updated: Wed May 12 16:12:19 2021
Last change: Wed May 12 16:09:30 2021 by root via cibadmin on cnware-node3
3 nodes configured
5 resources configured (1 DISABLED)
Online: [cnware-node1 cnware-node3]
OFFLINE: [cnware-node2]
图 9-56　运行结果

等待 5min，在主机 1、3 底层用命令 crm st 查看后，内容如下。

```
Online:[主机 1 的 hostname 主机 3 的 hostname]
OFFLINE:[主机 2 的 hostname]
```

（9）将主机 2 开机，在管理界面退出主机 2 的维护模式，如图 9-57 所示。退出维护模式后主机 2 重新开机，虚拟机 A 不会迁回到主机 2 上。

当前位置 云资源 / 虚拟化资源 / KVHCIPOOL / HCI_ARM / cr
虚拟化资源
虚拟化资源
KVHCIPOOL
HCI_ARM
①
cnwarekv-node1
cnwarekv-node2
cnwarekv-node3
②
增加虚拟机
进入维护模式
退出维护模式
修改主机
概要
性能监控
虚拟机
存储池
基本信息

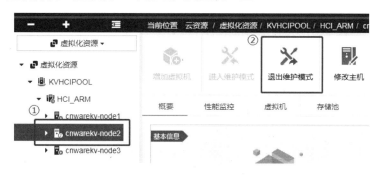

图 9-57 退出维护模式

（10）在主机 1、3 底层执行命令 crm st 后，运行结果如图 9-58 所示。

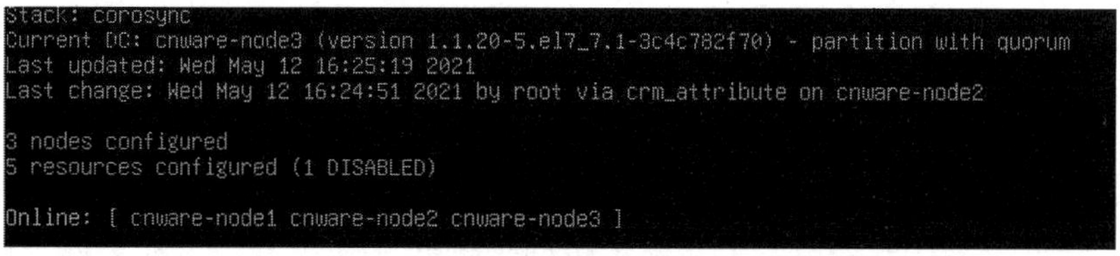

Stack: corosync
Current DC: cnware-node3 (version 1.1.20-5.el7_7.1-3c4c782f70) - partition with quorum
Last updated: Wed May 12 16:25:19 2021
Last change: Wed May 12 16:24:51 2021 by root via crm_attribute on cnware-node2
3 nodes configured
5 resources configured (1 DISABLED)
Online: [cnware-node1 cnware-node2 cnware-node3]

图 9-58 运行结果

等待 5min，环境恢复正常，在主机 1、3 底层用命令 crm st 查看后，内容如下。

```
Online:[主机 1 的 hostname 主机 2 的 hostname 主机 3 的 hostname]
```

9.4.5 关闭虚拟机高可用集群

关闭高可用后，当发生存储、网络故障时，主机上的虚拟机将不受保护被重启。

1. 关闭高可用的前提条件

（1）已登录 CNware 虚拟化平台且具有相关权限。

（2）已创建有主机池和集群。

（3）集群已开启高可用。

（4）集群下没有进行中的任务。

2. 关闭虚拟机高可用

（1）用户登录 CNware 虚拟化平台后，进入“云资源”界面，在左侧导航栏中依次选择“主机池”|“集群”选项，选择并进入要操作的“集群管理”界面。

（2）单击菜单栏中的“高可用配置”按钮，打开“高可用配置”对话框，可开启或关闭高可用。

（3）将"开启高可用"切换至"否"，可关闭高可用，如图 9-59 所示，同时可选择是否强制关闭。

图 9-59　关闭高可用

（4）单击"确定"按钮，完成关闭集群高可用配置，系统右下角弹出关闭成功消息，同时任务页显示任务详情。关闭虚拟机高可用时需要注意的是，集群高可用强制关闭是指集群中有一台主机异常，若想关闭集群高可用，需将"强制关闭"设置为"是"；若集群中的所有主机均为正常，"强制关闭"不管是"是"还是"否"均可正常关闭集群高可用。

9.5　项目实验

项目实验 12　LNMP 服务器部署及测试

1. 项目描述

（1）项目背景。基于企业业务需要，需要在 CNware 平台上搭建一个免费、高效、扩展性强的网站服务系统，本节任务是安装 LNMP（Linux-Nginx-MySQL-PHP）服务器，LNMP 网站架构是目前国际流行的 Web 框架，该框架包括 Linux 操作系统、Nginx 网络服务器、MySQL 数据库、PHP 编程语言，所有组成的产品均是免费开源软件，这 4 种软件组合到一起，成为一个免费、高效的网站服务系统。

（2）工作原理。CNware 虚拟化平台中创建好的虚拟机中进行搭建 LNMP 服务器环境配置。分别安装和配置 Linux 操作系统、Nginx 服务器、MySQL 数据库和 PHP 语言环境。用户浏览器发送 Request 请求到 Nginx 服务器，服务器响应并处理 Web 请求。若是静态文件，则直接返回；否则将 PHP 脚本通过接口传输协议 PHP-FCGI（FAST-CGI）传输给进程管理程序 PHP-FPM，然后 PHP-FPM 调用 PHP 解析器的一个进程 PHP-CGI 来解析 PHP 脚本信息。然后将解析后的脚本一步步再返回到 PHP-FPM，它再通过 FAST-CGI 的形式将脚本信息传送给 Nginx。服务器再通过 Http Response 的形式传送给浏览器，浏览器再进行解析与渲染然后进行呈现，LNMP 部署架构如图 9-60 所示。

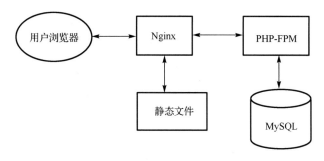

图 9-60　LNMP 部署架构

（3）任务内容。

第 1 部分：安装部署环境。

- 准备编译环境。
- 安装和配置 Nginx。
- 安装和配置 MySQL。
- 安装和配置 PHP。

第 2 部分：测试访问 LNMP 平台。

- 测试运行平台。

（4）所需资源。

- 在 CNware 平台中创建虚拟机，操作系统为公共镜像 CentOS 7.2 64 位。
- Nginx 版本：Nginx 1.16.1。
- MySQL 版本：MySQL 5.7.28。
- PHP 版本：7.0.33。

说明：当用户使用不同软件版本时，可能需要根据实际情况调整命令和参数配置。

2. 项目实施

第 1 部分：安装部署环境。

步骤 1：准备编译环境。

（1）远程连接 Linux 实例。

（2）关闭防火墙（若防火墙已为关闭状态，则忽略此步骤）。查看当前防火墙的状态，如图 9-61 所示。

```
systemctl status firewalld
```

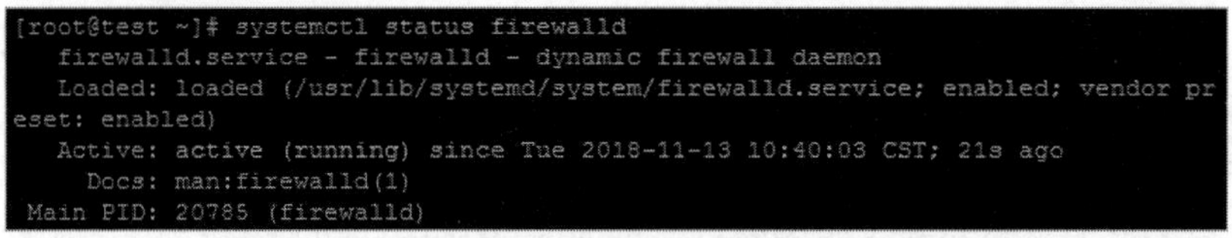

```
[root@test ~]# systemctl status firewalld
  firewalld.service - firewalld - dynamic firewall daemon
  Loaded: loaded (/usr/lib/systemd/system/firewalld.service; enabled; vendor pr
eset: enabled)
  Active: active (running) since Tue 2018-11-13 10:40:03 CST; 21s ago
    Docs: man:firewalld(1)
 Main PID: 20785 (firewalld)
```

图 9-61 查看当前防火墙的状态

防火墙的状态参数值有 2 个，即 inactive 表示防火墙为关闭状态；active 表示防火墙为开启状态。

运行命令 systemctl stop firewalld，可临时关闭防火墙；若永久关闭防火墙，则运行命令 systemctl disable firewalld。

（3）关闭 SELinux（若 SELinux 已为关闭状态，则可忽略此步骤）。查看 SELinux 的当前状态。

```
[root@test ~. ]#getenforce
Enforcing
```

其中，SELinux 状态参数值有 2 个，即 Disabled 表示 SELinux 为关闭状态；Enforcing 表示 SELinux 为开启状态。

运行命令 setenforce 0，可以临时关闭 SELinux；若永久关闭 SELinux，则运行命令 vim /etc/selinux/config，编辑 SELinux 配置文件。按下回车键后，把光标移动到 SELINUX=enforcing 这一行，按下 I 键进入编辑模式，修改为 SELINUX=disabled，按下 Esc 键，然后输入:wq 并按 Enter 键以保存并关闭 SELinux 配置文件。最后重启系统使设置生效。

步骤 2：安装和配置 Nginx。

（1）安装 Nginx。运行以下命令安装 Nginx。

```
yum -y install nginx
查看 Nginx 版本。
nginx -v
```

若返回如下结果，则表示 Nginx 安装成功。

```
nginx versIOn: nginx/1.16.1
```

（2）配置 Nginx。备份 Nginx 配置文件。

```
cp /etc/nginx/nginx.conf /etc/nginx/nginx.conf.bak
```

修改 Nginx 配置文件，添加 Nginx 对 PHP 的支持。

① 打开 Nginx 配置文件：vim /etc/nginx/nginx.conf。

② 按下 I 键进入编辑模式。

③ 在 Server 内，修改或添加下列配置信息。

```
#除下面提及的需要添加的配置信息外，其他配置保持默认值即可
#将 locatIOn / 大括号内的信息修改为以下所示，配置网站被访问时的默认首页
locatIOn / {
```

```
          index index.php index.html index.htm;
      }
      #添加下列信息，配置 Nginx 通过 fastcgi 方式处理您的 PHP 请求
      locatIOn ～.  .php$ {
          root /usr/share/nginx/html;    #将/usr/share/nginx/html 替换
为您的网站根目录，本教程使用/usr/share/nginx/html 作为网站根目录
          fastcgi_pass 127.0.0.1:9000;    #Nginx 通过本机的 9000 端口将 PHP
请求转发给 PHP-FPM 进行处理
          fastcgi_index index.php;
          fastcgi_param                                SCRIPT_FILENAME
$document_root$fastcgi_script_name;
          include fastcgi_params;    #Nginx 调用 fastcgi 接口处理 PHP 请求
      }
```

添加配置信息后，如图 9-62 所示。

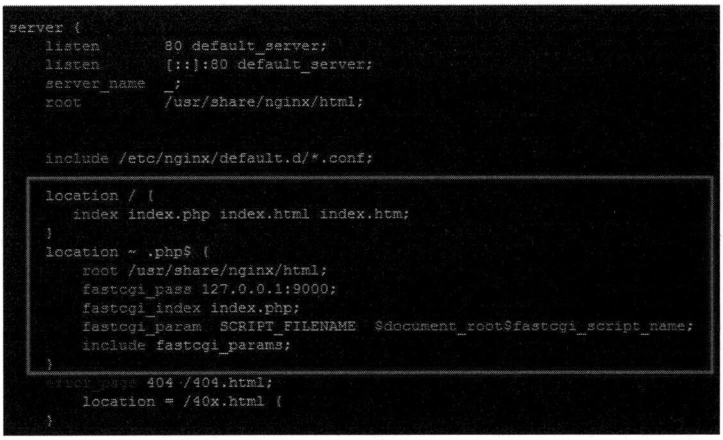

图 9-62　添加配置信息

④ 按下 Esc 键后，输入:wq，并按回车键以保存并关闭配置文件。

（3）启动 Nginx 服务。

```
systemctl start nginx
```

（4）设置 Nginx 服务开机自启动。

```
systemctl enable nginx
```

步骤 3：安装和配置 MySQL。

（1）安装 MySQL，更新 YUM 源。

```
rpm  -Uvh  http://dev.mysql.com/get/mysql57-community-release-el7-
9.noarch.rpm
```

安装 MySQL。

```
yum -y install mysql-community-server
```

查看 MySQL 版本号。

```
mysql -V
```

启动 MySQL。

```
systemctl start mysqld
```

设置开机启动 MySQL

```
systemctl enable mysqld
systemctl daemon-reload
```

（2）配置 MySQL。查看/var/log/mysqld.log 文件。查看文件，获取并记录 Root 用户的初始密码。

```
grep 'temporary password' /var/log/mysqld.log
配置 MySQL 的安全性
mysql_secure_installatIOn
```

安全性的配置：重置 Root 账号密码；分别输入 Y 删除匿名用户账号、禁止 Root 账号远程登录、删除 Test 库及对 Teat 库的访问权限、重新加载授权表等内容。

步骤 4：安装和配置 PHP。

（1）安装 PHP，更新 YUM 源，添加 EPEL 源。

```
yum install \
https://repo.ius.IO/ius-release-el7.rpm \
https://dl.fedoraproject.org/pub/epel/epel-release-latest-7.noarch.rpm
```

添加 Webtatic 源。

```
rpm -Uvh https://mirror.webtatic.com/yum/el7/webtatic-release.rpm
```

安装 PHP。

```
yum -y install php70w-devel php70w.x86_64 php70w-cli.x86_64 php70w-
common.x86_64   php70w-gd.x86_64   php70w-ldap.x86_64   php70w-mbstring.x86_64
php70w-mcrypt.x86_64  php70w-pdo.x86_64    php70w-mysqlnd php70w-fpm php70w-
opcache php70w-pecl-redis php70w-pecl-mongodb
```

查看版本。

```
php -version
```

若返回版本相关信息，则表示安装成功。

（2）配置 MySQL。新建 phpinfo.php 文件来展示 PHP 信息

① 运行以下命令新建文件。

```
vim <网站根目录>/phpinfo.php  #将<网站根目录>替换为您配置的网站根目录
```

配置的网站根目录为/usr/share/nginx/html，命令为如下。

```
vim /usr/share/nginx/html/phpinfo.php
```

② 按 I 键进入编辑模式。

③ 展示 PHP 的所有配置信息。

```
<?php echo phpinfo(); ?>
```

④ 保存并关闭配置文件。

```
Esc 键--:wq 回车
```

⑤ 启动 PHP-FPM。

```
systemctl start php-fpm
```

⑥ 设置 PHP-FPM 开机自启动。

```
systemctl enable php-fpm
```

第 2 部分：测试访问 LNMP 平台。

步骤 1：打开浏览器。

步骤 2：输入网址进行测试。

在地址栏里输入网址：http://<ECS 实例公网 IP 地址>/phpinfo.php。

返回 PHP 相关信息表示部署成功，如图 9-63 所示。

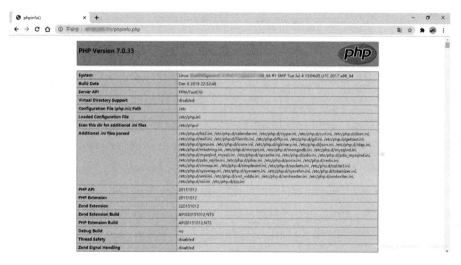

图 9-63　部署成功界面

3. 分析与思考

在云上搭建 LNMP 网站服务器，官方网站讲解 Linux、Nginx、MySQL、PHP 等安装步骤，本案例在云虚拟机上实现，需要主机先安装好虚拟机。下面总结部署 LNMP 要点。

（1）运行命令 setenforce 0 关闭 SELinux。只是暂时关闭 SELinux，下次重启 Linux 后，SELinux 还会开启。若永久关闭 SELinux，运行命令 vim/etc/selinux/config，编辑 SELinux 配置文件。

（2）运行 yum -y install mysql-community-server 安装 MySQL。若用户使用的操作系统内核版本为 el8，则可能会提示报错信息"No match for argument"。用户需要先运行命令 yum module disable mysql 禁用默认的 mysql 模块，再安装 MySQL。

（3）修改 Nginx 配置文件，添加 Nginx 对 PHP 的支持。若不添加此配置信息，当用户后续使用浏览器访问 PHP 页面时，页面将无法显示。

（4）本案例通过虚拟机部署 LNMP 服务器，LNMP 和 LAMP 不同点是 Web 服务器 Nginx，那么 Nginx 与 Apache 相比有什么优点呢？如何在私有云和公有云的实例环境中部署 LMP 服务器？

习 题 9

一、选择题

1. 下列关于公有云和私有云描述不正确的是( )。

 A. 公有云能够以低廉的价格，提供有吸引力的服务给最终用户，创造新的业务价值

 B. 公有云是云服务提供商通过自己的基础设施直接向外部用户提供服务的

 C. 构建私有云比使用公有云更便宜

 D. 私有云是为企业内部使用而构建的计算架构

2. 目前，在国内已经提供公共云服务器的商家有( )（多选）。

 A. 华为　　　　 B. 中国移动　　　　 C. 腾讯　　　　 D. 阿里巴巴

3. DRS 动态资源调度适用的场景有( )。

 A. 在同一台物理机上，将空闲虚拟机的内存释放给使用率较高的虚拟机

 B. 在夜间将虚拟机自动迁移到集中的几台服务器上，关闭其他物理机的电源

 C. 集群内负载均衡，避免出现部分物理机资源占用率过高

 D. 当某台物理机的负载过高时，将部分虚拟机迁移到其他负载较低的物理机上

4. 以下关于虚拟机迁移的说法错误的是( )。

 A. 虚拟机迁移是将指定虚拟机手动迁移到不同的主机、数据存储下，支持离线迁移和在线迁移

 B. 更改主机和存储指将虚拟机迁移到其他主机，同时将虚拟机镜像文件迁移到该主机上的其他存储，仅支持离线迁移

 C. 当虚拟机只更改主机时，要求目的主机必须能够访问到该虚拟机的镜像文件

 D. 虚拟机迁移内容包括更改主机、更改存储、更改主机和存储

5. 下列关于虚拟机迁移的描述错误的是( )。

 A. 虚拟机迁移过程中，磁盘数据也需要复制

 B. 拟机热迁移过程中，用户没有明显的感知

 C. 虚拟机迁移既可以管理员手动操作，又可以由系统依据策略自动完成

 D. 虚拟机迁移过程中，虚拟机网络属性也会迁移

6. 以下可以触发虚拟机高可用异常的不包括( )。

 A. 虚拟机 Windows 操作系统蓝屏　　　　　　　　　B. 物理主机掉电

 C. 共享存储 RAID 6 磁盘组中有一块磁盘损坏　　　D. 物理网络全部中断

7. 桌面虚拟机的迁移属于( )类型的迁移。

 A. 内存迁移　　　 B. 在线迁移　　　 C. 存储迁移　　　 D. 离线迁移

8．若一个虚拟机因错误而发生崩溃，同一主机上的其他虚拟机不会受到影响，说明了虚拟机的
(　　)属性。

    A．独立于硬件　　　　B．兼容性　　　　C．隔离性　　　　D．统一性

二、简答题

1．简述公有云与私有云的区别。

2．什么是 DRS？

3．虚拟机的在线迁移与离线迁移有何不同？分别适合什么样场合？

4．虚拟机迁有哪三种类型？

5．什么是虚拟机高可用？有哪两种仲裁方式？

参 考 文 献

[1] 邵丹. 云计算技术的发展与应用讨论[J]. 中国信息化, 2021(4):50-51.

[2] 罗晓慧. 浅谈云计算的发展[J]. 电子世界, 2019, (8): 104.

[3] 武凯, 勾学荣, 朱永刚. 云计算资源管理浅析[J]. 软件, 2015, 36(2): 97-101.

[4] 刘志成. 云计算技术与应用基础[M]. 北京: 人民邮电出版社, 2020: 41-42.

[5] 叶毓睿, 雷迎春, 李炫辉, 等. 软件定义存储: 原理、实践与生态[M]. 北京: 机械工业出版社, 2016.

[6] 杨传辉. 大规模分布式存储系统: 原理解析与架构实战[M]. 北京: 机械工业出版社, 2013.

[7] 陈亚威 蒋迪. 虚拟化技术应用与实践[M]. 北京: 人民邮电出版社, 2019.

[8] 王中刚, 薛志红. 服务器虚拟化技术与应用[M]. 北京: 人民邮电出版社, 2018.

[9] 杨东晓, 张锋, 陈世优. 云计算及云安全[M]. 北京: 清华大学出版社, 2020 年 5 月.

[10] 杨建清, 吴道君, 涂传唐. 云计算技术与应用项目化教程[M]. 北京: 中国铁道出版社, 2019.

[11] 杨建清, 陈小明, 柏杏丽. Docker 容器技术实战项目化教程[M]. 北京: 中国铁道出版社, 2021.

[12] 陈晓宇. 云计算那些事儿: 从 IaaS 到 PaaS 进阶[M]. 北京: 电子工业出版社. 2020.

[13] 王海, 等译. 深度剖析软件定义网络（SDN）（第二版）[M]. 北京: 电子工业出版社, 2019.

[14] 邓志, 等译. 处理器虚拟化技术[M]. 北京: 电子工业出版社, 2014.

[15] 黄靖钧, 冯立灿. 容器云运维实战——Docker 与 Kubernetes 集群[M]. 北京: 电子工业出版社, 2019.

[16] 英特尔开源技术中心. OpenStack 设计与实现（第 2 版）[M]. 北京: 电子工业出版社, 2017.

[17] 奥思数据 OStorage 技术团队. 对象存储: OpenStack Swift 应用、管理与开发[M]. 北京: 电子工业出版社, 2017.

[18] 陈亚威, 蒋迪. 虚拟化技术应用与实践[M]. 北京：人民邮电出版社, 2019：23-62.

[19] 王中刚, 薛志红. 服务器虚拟化技术与应用[M]. 北京：人民邮电出版社, 2018：50-79.